Erwin Dee Kord (Hrsg.)

Antirrhinum grosii

Erwin Dee Kord (Hrsg.)

Antirrhinum grosii

Kelchblatt, Pedicellus

Solv

Imprint

Publisher:
Solv is a trademark of
International Book Market Service Ltd., 17 Rue Meldrum, Beau Bassin, 1713-01 Mauritius
Email: info@bookmarketservice.com
Website: www.bookmarketservice.com

Published in 2012

Printed in: U.S.A., U.K., Germany. This book was not produced in Mauritius.

ISBN: 978-613-8-77550-8

Antirrhinum grosii

Antirrhinum grosii	
Systematik	
	Euasteriden I
Ordnung:	Lippenblütlerartige (Lamiales)
Familie:	Wegerichgewächse (Plantaginaceae)
Tribus:	Antirrhineae
Gattung:	Löwenmäuler (*Antirrhinum*)
Art:	*Antirrhinum grosii*
Wissenschaftlicher Name	
Antirrhinum grosii	
Font Quer	

Antirrhinum grosii ist eine Pflanzenart aus der Gattung der Löwenmäuler (*Antirrhinum*) in der Familie der Wegerichgewächse (Plantaginaceae).

Beschreibung

Antirrhinum grosii ist ein Zwergstrauch, dessen aufsteigende Stängel Längen von 12 bis 40 cm erreichen. Die Pflanze ist drüsig-flaumig behaart. Die unten gegenständig und oben wechselständig stehenden Laubblätter sind 20 bis 30 mm lang und 12 bis 22 mm breit, eiförmig und stumpf. Die Blattstiele sind 2 bis 3 mm lang.

Die unteren Tragblätter ähneln den Laubblättern, die oberen sind kleiner und schmaler. Die Blütenstiele sind 3 bis 6 mm lang und kürzer als die Tragblätter. Die Kelchzipfel sind etwa 7 mm lang, eiförmig-lanzettlich und spitz. Die Krone ist 30 bis 35 mm lang und blass gelb gefärbt.

Die Früchte sind nahezu kugelförmige, drüsig-flaumig behaarte Kapseln mit einem Durchmesser von 9 bis 10 mm.

Vorkommen und Standorte

Die Art ist im westlichen Mittel-Spanien, in der Sierra de Gredos verbreitet. Sie wächst dort in den Bergen auf Felsen.

Literatur

- T. G. Tutin, V. H. Heywood, N. A. Burges, D. M. Moore, D. H. Valentine, S. M. Walters, D. A. Webb (Hrsg.): *Flora Europaea. Volume 3: Diapensiaceae to Myoporaceae.* Cambridge University Press, Cambridge 1972, ISBN 0-521-08489-X, S. 222 (eingeschränkte Vorschau [1] in der Google Buchsuche).

References

[1] http://books.google.de/books?id=u8jDAoMGPd8C&pg=PA222#v=onepage

Kelchblatt

Ein **Kelchblatt** oder **Sepalum** (Mehrzahl Sepalen oder Sepala) ist ein Blatt der äußeren Blütenhülle in der Blüte von bedecktsamigen Pflanzen. Die Gesamtheit der Kelchblätter einer Blüte wird als **Kelch** oder **Calyx** bezeichnet.[1] Von Kelchblättern wird nur bei ungleichförmigen Blütenhüllen gesprochen, wenn die Blütenhülle in Kelch und Krone unterschieden ist, nicht wenn alle Blütenhüllblätter gleichartig sind (dann Perigon genannt).[2]

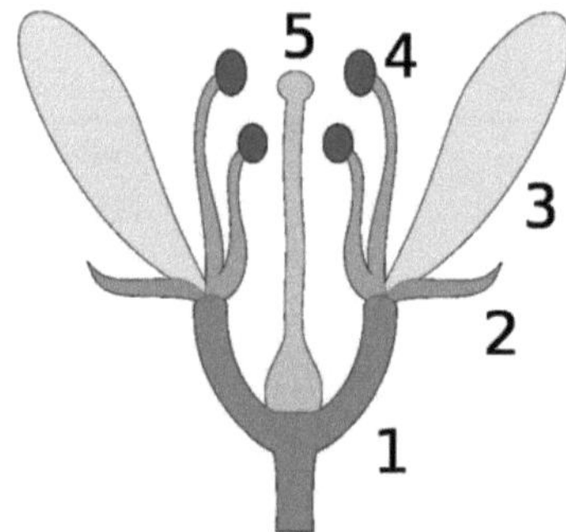

Schematische Darstellung einer perigynen Blüte mit oberständigem Fruchtknoten:
1. Blütenboden/Receptaculum
2. Kelchblätter/Sepalen
3. Kronblätter/Petalen
4. Staubblätter/Stamina
5. Fruchtblätter/Karpelle

Aufbau und Funktion

Die Kelchblätter sind meist derb und grün. Typischerweise sind sie laubblatt- oder hochblattartig, vor allem auch in ihrer Leitbündel-Versorgung.[3] Der Kelch hat die Funktion, die Blüte im Knospenzustand zu schützen. Während der Knospenentwicklung wachsen die Kelchblätter gekrümmt rasch aufeinander zu und berühren sich gegenseitig. Durch Verzahnung, cuticuläre Verklebung oder durch Haare sind die Kelchblätter häufig miteinander verbunden. Die Ränder sind meist übereinander geschoben. Dadurch wird der Schutz der sich im Inneren der Knospe entwickelnden übrigen Blütenorgane erhöht. [4]

Die Anordnung der Kelchblätter ist meist wirtelig, gerade bei ursprünglicheren Familien aber auch spiralig, so bei Dilleniaceae oder Paeoniaceae.

Der Kelch kann seine Funktion auch ändern und etwa nach der Fruchtreife zur Ausbreitung beitragen. Bei Korbblütlern ist der Kelch zu einem Haarkranz, dem Pappus umgebildet, der zur Windausbreitung oder zur Anheftung an Tiere dienen kann. [4] Der Kelch kann auch die Funktion der Krone als Schauapparat übernehmen, dies geht aber meist mit einer Reduktion der Krone einher, etwa bei den Proteaceae.[3] Der Kelch wird dadurch kronenartig (corollinisch). Ein weiteres Beispiel ist die Besenheide. [2]

Bei verschiedenen Verwandtschaftsgruppen sind die Kronblätter durch allmähliche Übergänge mit den Kelchblättern verbunden, so bei den Kakteengewächsen (Cactaceae) oder bei den Pfingstrosen (Paeoniaceae). [4]

Historisches

Der Begriff Sepalum wurde von Necker 1790 allgemein für ein Perianthblatt verwendet. Nach seinen Angaben ist es ein Kunstwort, das sich vom altgriechischen Wort *skepe* = Decke, Hülle ableitet. Spätestens seit A. P. de Candolle 1813 wird der Begriff in seiner heutigen Bedeutung verwendet. Das Wort calix wurde bereits von Plinius in der heutigen Bedeutung verwendet. Leonhard Fuchs definierte calyx 1542 schon weitgehend in der heutigen Bedeutung. Jungius 1678 und Ray 1682 nennen den Kelch Perianthium, insofern logisch, als damals die Corolla als eigentliche Blüte angesehen wurde. Seit Tournefort 1700 steht die heutige Bedeutung von Calyx fest. [5]

Nachweise

[1] Eduard Strasburger (Begr.), Andreas Bresinsky, Christian Körner, Joachim W. Kadereit, Gunther Neuhaus, Uwe Sonnewald: *Lehrbuch der Botanik.* 36. Auflage. Spektrum Akademischer Verlag, Heidelberg 2008, ISBN 978-3-8274-1455-7, S. 803-804.

[2] M.A. Fischer, K. Oswald, W. Adler: *Exkursionsflora für Österreich, Liechtenstein und Südtirol.* Dritte Auflage, Land Oberösterreich, Biologiezentrum der OÖ Landesmuseen, Linz 2008, ISBN 978-3-85474-187-9, S. 93f.

[3] Arthur J. Eames *Morphology of the Angiosperms.* McGraw-Hill, New York 1961. (ohne ISBN), S. 88-90.

[4] Peter Leins: *Blüte und Frucht. Morphologie, Entwicklungsgeschichte, Phylogenie, Funktion, Ökologie.* E. Schweizerbart'sche Verlagsbuchhandlung, Stuttgart 2000. ISBN 3-510-65194-4, S. 38-42.

[5] Gerhard Wagenitz: *Wörterbuch der Botanik.* 2. Auflage, Spektrum Akademischer Verlag, Heidelberg, Berlin 2003. ISBN 3-8274-1398-2, S. 54, 293 f.

Pedicellus

Als **Pedicellus** werden in der Biologie verschiedene kurze faden- oder stielförmige Strukturen bezeichnet. Die Bezeichnung leitet sich vom lateinischen "*pedicellus*" ab, welches für 'kleiner Stiel' steht.

Während in der Botanik der Blütenstiel als Pedicellus bezeichnet wird, ist in der Zoologie der Pedicellus das zweite Glied der Geißelantenne von Insekten. Der Pedicellus der Insekten trägt die bewegliche Geißel und wird deshalb auch als *Wendeglied* bezeichnet. Es enthält vor allem das Johnstonsche Organ, welches zur Wahrnehmung von Auslenkungen der Fühlergeißel dient und in speziellen Fällen, etwa bei den Männchen von Stechmücken und Zuckmücken, auch dem Hörsinn dienen kann.

Tragblatt

Ein **Tragblatt** (**Braktee**) ist bei Pflanzen ein Blatt, das in seiner Blattachsel einen Seitenspross trägt. Bei diesem kann es sich um einen vegetativen Seitenzweig, einen Blütenstand oder eine Einzelblüte handeln (siehe Schemazeichnung).

Beispiele von Tragblättern (grau): links Tragblätter eines vegetativen Seitenzweigs; Mitte Tragblätter eines Blütenstands; rechts Tragblätter von Einzelblüten

Das Tragblatt kann ein Keimblatt, ein Niederblatt, ein Laubblatt oder ein Hochblatt sein.

Besonders im Bereich des Blütenstandes sind die Tragblätter häufig anders als die Laubblätter gestaltet. Bei vielen Arten sind die Tragblätter von Blüten oder Teilblütenständen als Hochblätter ausgebildet (= brakteos), das heißt kleiner und einfacher als die Laubblätter gebaut.

Das Tragblatt einer (gestielten oder sitzenden) Einzelblüte wird auch als **Deckblatt** bezeichnet.

Die englische Bezeichnung *bract* sowie die französische *bractée* sind auf hochblattartige Tragblätter beschränkt.

Blütenstand von Kreuzkraut mit deutlich sichtbaren Tragblättern an der Basis der einzelnen Seitensprosse

Belege

- Gerhard Wagenitz: *Wörterbuch der Botanik.* 2. Auflage. Spektrum, Heidelberg 2003, ISBN 3-8274-1398-2, S. 331.
- M. A. Fischer, W. Adler, K. Oswald: *Exkursionsflora für Österreich, Liechtenstein und Südtirol.* 2. Auflage. Land Oberösterreich, Biologiezentrum der OÖ Landesmuseen, Linz 2005, ISBN 3-85474-140-5, S. 73.

Blatt_(Pflanze)

Das **Blatt** ist neben der Sprossachse und der Wurzel eines der drei Grundorgane der höheren Pflanzen und wird als Organtyp Phyllom genannt. Blätter sind seitliche Auswüchse an den Knoten (Nodi) der Sprossachse. Die ursprünglichen Funktionen der Blätter sind Photosynthese (Aufbau von organischen Stoffen mit Hilfe von Licht) und Transpiration (Wasserverdunstung, ist wichtig für Nährstoffaufnahme und -transport).

Blätter treten nur bei Sprosspflanzen auf, das heißt bei farnartigen Pflanzen (Pteridophyta) und Samenpflanzen (Spermatophyta). Dagegen fehlen sie bei Moosen und Algen, an deren Thallus allerdings blattähnliche Gebilde auftreten können, die jedoch nur als Analogien der Blätter zu betrachten sind.

Der Reichtum an Blattformen ist enorm. In einigen Fällen entstanden im Laufe der Evolution auch Blattorgane, die mit der ursprünglichen Funktion des Blattes, nämlich der Photosynthese und Transpiration, nichts mehr zu tun haben: zum Beispiel Blütenblätter, Blattdornen und Blattranken, sowie Knospenschuppen (siehe Metamorphosen des Blattes).

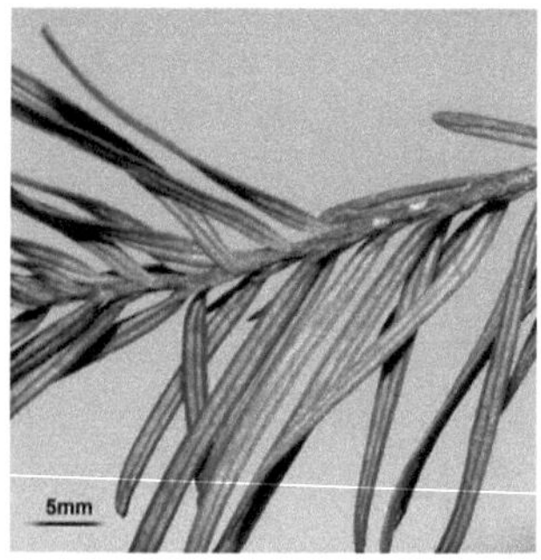

Nadelblätter einer Douglasie (*Pseudotsuga menziesii*)

Laubblatt einer Linde (*Tilia* spec.)

Der hier beschriebene anatomische Aufbau gilt für ein bifaziales Laubblatt, den häufigsten Laubblatt-Typ. Für alle Blätter charakteristisch sind die Elemente Epidermis, Mesophyll und Leitbündel.

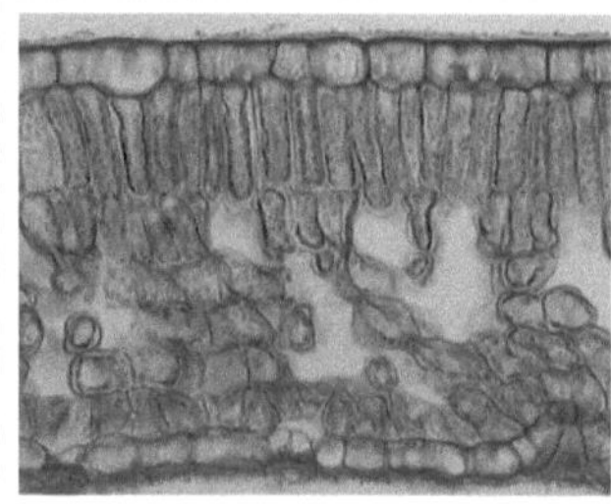

Querschnitt eines Laubblattes im Mikroskop

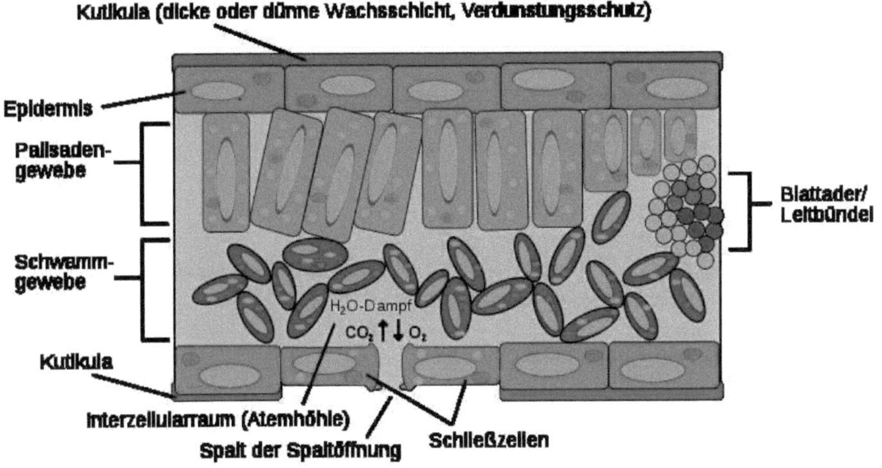

Epidermis

Das Blatt schließt nach außen mit einem Abschlussgewebe, der Epidermis, ab, die aus nur einer Zellschicht besteht. Die Epidermis besitzt nach außen eine wasserundurchlässige Wachsschicht Cuticula, die eine unregulierte Verdunstung verhindert. Die Zellen der Epidermis besitzen in der Regel keine Chloroplasten (die Zellbestandteile, in denen die Photosynthese stattfindet). Ausnahmen davon sind die Epidermis von Hygro-, Helo- und Hydrophyten und teilweise Schattenblätter, besonders aber die Schließzellen der Spaltöffnungen (Stomata), die immer Chloroplasten enthalten. Die Stomata dienen der Regulation des Gasaustausches, primär der Wasserdampfabgabe. Nach der Verteilung der Stomata unterscheidet man hypostomatische (Stomata auf der Blattunterseite, häufigste Form), amphistomatische (Stomata auf beiden Blattseiten) und epistomatische Blätter (Stomata auf der Blattoberseite, z. B. bei Schwimmblättern).

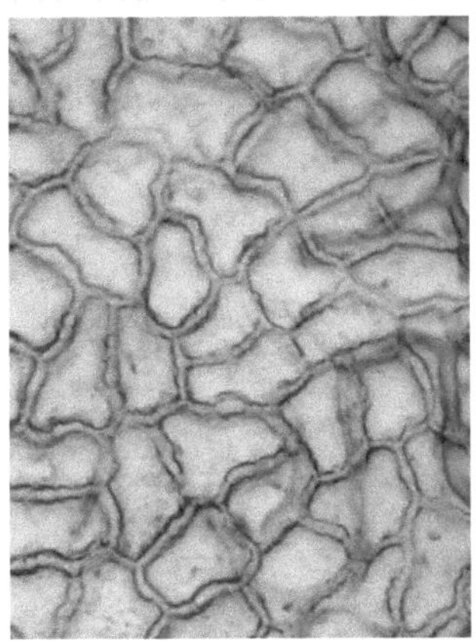
Epidermiszellen, Längsschnitt

Die von der Epidermis gebildeten Anhänge werden Haare (Trichome) genannt. Sind an der Bildung auch subepidermale Zellschichten beteiligt, spricht man von Emergenzen: Beispiele sind Stacheln oder Drüsenzotten.

Mesophyll (Blattparenchym)

Als Mesophyll bezeichnet man das Assimilationsgewebe. Es ist meist in das unter der oberen Epidermis gelegene Palisadenparenchym und das darunter gelegene Schwammparenchym gegliedert. Das Palisadenparenchym besteht aus ein bis drei Lagen langgestreckter, senkrecht zur Blattoberfläche stehender, chloroplastenreicher Zellen. Im Palisadenparenchym, dessen Hauptaufgabe die Photosynthese ist, befinden sich rund 80 Prozent aller Chloroplasten. Das Schwammparenchym besteht aus unregelmäßig geformten Zellen, die aufgrund ihrer Form große Interzellularräume bilden. Die Hauptaufgabe des Schwammparenchyms ist es, die Durchlüftung des parenchymatischen Gewebes zu gewährleisten. Die Zellen sind relativ arm an Chloroplasten.

Leitbündel

Die Leitbündel befinden sich oft an der Grenze zwischen Palisaden- und Schwammparenchym im oberen Schwammparenchym. Der Aufbau gleicht dem der Leitbündel in der Sprossachse und ist meist kollateral. Die Leitbündel zweigen von der Sprossachse ab und gehen durch den Blattstiel ohne Drehung in die Spreite über. Dadurch weist das Xylem zur Blattoberseite, das Phloem zur Blattunterseite.

Große Leitbündel sind oft von einer Endodermis umgeben, die hier Bündelscheide genannt wird. Die Bündelscheide kontrolliert den Stoffaustausch zwischen Leitbündel und Mesophyll. Die Leitbündel enden blind im Mesophyll. Dabei wird das Leitbündel immer stärker reduziert, das heißt zunächst werden die Siebröhren weniger und fallen aus, dann verbleiben im Xylem-Teil nur Schraubentracheiden, die schließlich blind enden. Das gesamte Blatt ist in der Regel so dicht mit Leitbündeln durchzogen, dass keine Blattzelle weiter als sieben Zellen von einem Leitbündel entfernt ist. Die sich daraus ergebenden kleinen Felder zwischen den Leitbündeln heißen Areolen oder Interkostalfelder.

Die Funktion der Leitbündel ist der Antransport von Wasser und Mineralien ins Blatt (über das Xylem) sowie der Abtransport von Photosyntheseprodukten aus dem Blatt (über das Phloem).

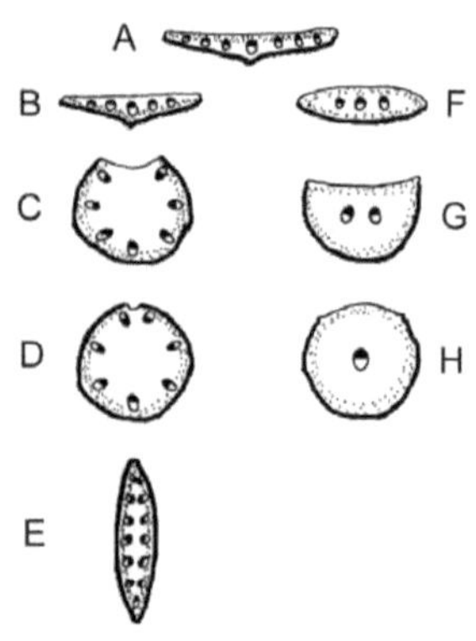

Blatt-Typen im Querschnitt: Punktiert = Palisadenparenchym; Holzteile der Leitbündel sind schwarz; Blattunterseite dicke Linie; A = Normales bifaziales Blatt; B = invers bifaziales Blatt (Bärlauch); C,D Ableitung des unifazialen Rundblattes (*Allium sativum, Juncus effusus*); E = unifaziales Schwertblatt (Schwertlilien); F = äquifaziales Flachblatt; G = äquifaziales Nadelblatt; H = Äquifaziales Rundblatt (*Sedum*).

Festigungsgewebe

In der Nähe der Leitbündel oder auch an den Blatträndern befinden sich oft Sklerenchymstränge, die der Festigung des Blattgewebes dienen. Demselben Zweck dienen bei manchen Arten subepidermale Kollenchymschichten.

Einteilung nach anatomischen Gesichtspunkten

Nach der Lage des Palisadenparenchyms im Blatt werden verschiedene Blatt-Typen unterschieden.

- Die meisten Blätter sind bifazial gebaut, d. h. es wird eine Ober- und Unterseite ausgebildet.
  - Bei normal bifazialen (= dorsiventralen) Blättern (A) liegt das Palisadenparenchym oben (= dorsal), das Schwammgewebe unten (= ventral).
  - Bei invers bifazialen Blättern (B) liegt das Palisadenparenchym unten (z. B. beim Bärlauch).
  - Bei äquifazialen Blättern (F, G) sind Ober- und Unterseite gleich mit Palisadenparenchym versehen, dazwischen liegt das Schwammparenchym. Ein typisches Beispiel ist das Nadelblatt der Kieferngewächse (G).

- Bei unifazialen Blättern (C, D) geht die Ober- und Unterseite nur aus der Unterseite des Blattprimordiums hervor. Sie leiten sich formal von invers bifazialen Blättern ab, bei denen die Blattoberseite reduziert wird. Bei unifazialen Blättern liegen die Leitbündel im Blattquerschnitt in einem Kreis oder Bogen angeordnet, das Phloem zeigt nach außen. Blattstiele sind oft unifazial, aber auch die Blätter vieler Einkeimblättriger, wie etwa Binsen, deren Blätter oft sprossachsenähnlich sind. Ein Spezialfall sind die Blätter der Schwertlilien (E), deren unifaziales Blatt sekundär wieder flach wurde, aber durch Abflachung in der Achsenrichtung, sodass *reitende* Blätter, auch Schwertblätter genannt, entstanden.

Morphologische Gliederung

Ein Blatt ist unterteilt in das Unterblatt (Hypophyll), bestehend aus dem Blattgrund und den Nebenblättern (Stipulae), und in das Oberblatt (Epiphyll), das sich wieder in Blattspreite (Lamina) und Blattstiel (Petiolus) gliedert. Nicht bei allen Blättern sind alle Teile ausgebildet, alle Teile unterliegen einer mannigfachen Variation.

Zur Beschreibung der Blattform in der botanischen Literatur siehe den

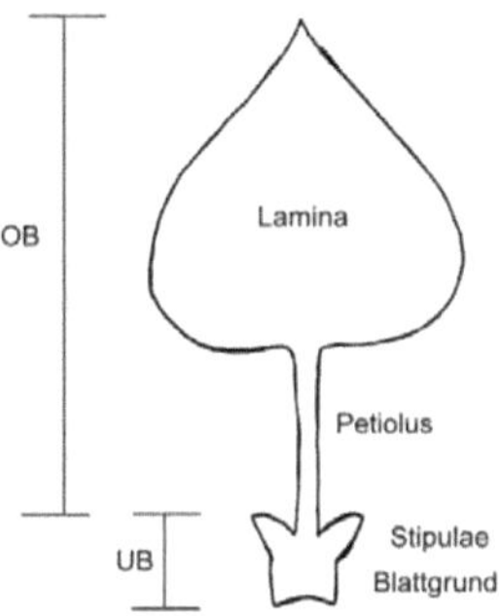

Gliederung des Blattes. OB = Oberblatt, UB = Unterblatt, Lamina = Spreite, Petiolus = Stiel, Stipulae = Nebenblätter

Unterblatt

Blattgrund

Der Blattgrund oder die Blattbasis ist der unterste Teil, mit dem das Blatt der Sprossachse ansitzt. Als Blattachsel bezeichnet man den Winkel zwischen Sprossachse und davon abzweigendem Blatt. Er ist meist nur wenig verdickt, nimmt aber manchmal den ganzen Umfang der Sprossachse ein. Im letzteren Fall spricht man von einem *stängelumfassenden Blatt.* Bei gegenständiger Blattstellung sind bisweilen die Basen der beiden Blätter vereinigt (wie beispielsweise bei der Heckenkirsche). Bisweilen zieht der Blattgrund beiderseits als ein flügelartiger Streifen weit am Stängel herab; solche Stängel nennt man *geflügelt.*

Bei einigen Pflanzenfamilien, etwa bei Süß- und Sauergräsern und Doldengewächsen, bildet der Blattgrund eine so genannte Blattscheide aus. Es handelt sich dabei um einen mehr oder weniger breiten, meist über der Basis des Blattes zu findenden, scheidenartig die Sprossachse umschließenden Teil. Meistens ist dabei die Scheide gespalten, d. h. die Ränder sind frei, nur übereinander gelegt. Dagegen haben die Blätter der Sauergräser geschlossene Scheiden oder solche, an denen keine freien Ränder vorhanden sind. Bei vielen Blättern aber ist der Scheidenteil nur angedeutet oder fehlt ganz.

Nebenblätter

Die Nebenblätter (Stipulae oder Stipeln) sind seitliche, zipfel- oder blattartige Auswüchse des Blattgrundes. Sie sind meist klein, bei vielen Pflanzenarten fehlen sie oder werden bereits beim Blattaustrieb abgeworfen. Je nach Bau des Blattstieles treten zwei Arten auf. Bei bifazialem Blattstiel treten Lateralstipeln auf, die stets paarig seitlich am Blattgrund sitzen. Diese Form ist charakteristisch für Zweikeimblättrige. Bei unifazialem Blattstiel treten

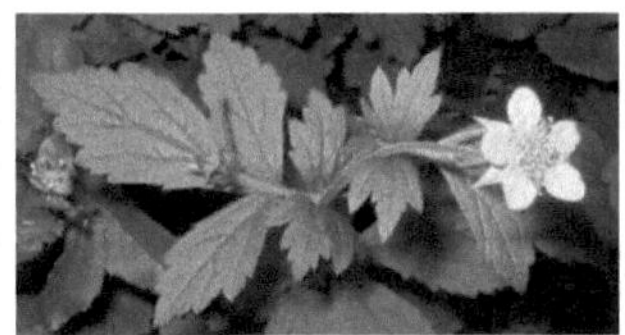
Bei der Echten Nelkenwurz sind die Nebenblätter laubblattförmig.

Median-(Axillar-)Stipeln auf, die nur in Einzahl auftreten und in der Mediane in der Achsel des Blattes liegen. Sie sind häufig kapuzenförmig und treten vor allem bei Einkeimblättrigen auf.

Bei einigen Familien sind die Nebenblätter stark entwickelt, so bei den Schmetterlingsblütlern (wie der Erbse), den Rosengewächsen und den Veilchengewächsen. Sie können entweder frei (z. B. Wicken) oder scheinbar dem Blattstiel angewachsen sein (Rosen).

Bei etlichen Bäumen, wie Linden, Hainbuchen oder Pappeln sind die Nebenblätter als häutige, nicht grüne Schuppen ausgebildet, die schon während der Entfaltung der Blätter abfallen. Bei den Knöterichgewächsen sind die Nebenblätter zu einer Nebenblattscheide (Ochrea) umgebildet, einer häutigen Scheide, die den Stängel röhrenförmig einschließt. Das Blatthäutchen (Ligula) der Süß- und Sauergräser, das am Übergang von der Blattscheide in die Blattspreite sitzt, ist ebenfalls ein Nebenblatt.

Oberblatt

Blattstiel

Der Blattstiel (Petiolus) ist der auf den Blattgrund folgende, durch seine schmale, stielförmige Gestalt vom folgenden Teil des Blattes mehr oder minder scharf abgegrenzte Teil des Blattes. Nach dem anatomischen Aufbau unterscheidet man bifaziale und unifaziale Blattstiele. Bei den meisten Einkeimblättrigen und bei vielen Koniferen fehlt der Blattstiel. Blätter ohne Stiel nennt man sitzend. Es gibt auch Blätter, die nur aus dem Stiel bestehen, der dann flach und breit ist und an welchem die eigentliche Blattfläche ganz fehlt. Es handelt sich dabei um ein so genanntes Blattstielblatt (Phyllodium), z. B. bei manchen Akazien. Der Blattstiel ist meist nur bei Laubblättern ausgebildet.

Blattspreite, „Blattnervatur“

Die Blattspreite (Lamina) bildet in den meisten Fällen den Hauptteil des Blattes, den man oft als das eigentliche Blatt bezeichnet. Die Blattspreite ist im Normalfall die Trägerin der Blattfunktionen Photosynthese und Transpiration.

An den meisten Blattspreiten fällt die sogenannte Nervatur auf, der Verlauf der Leitbündel. Große Leitbündel werden auch Rippen genannt, viele Blätter besitzen eine Mittelrippe (1) als scheinbare Verlängerung des Blattstieles, von der die Seitenrippen (2) abzweigen. Die Leitbündel werden volkstümlich meist als Nerven oder Adern bezeichnet, beides missverständliche Begriffe, da die Leitbündel weder eine Erregungsleitungs- noch eine Kreislauffunktion besitzen.

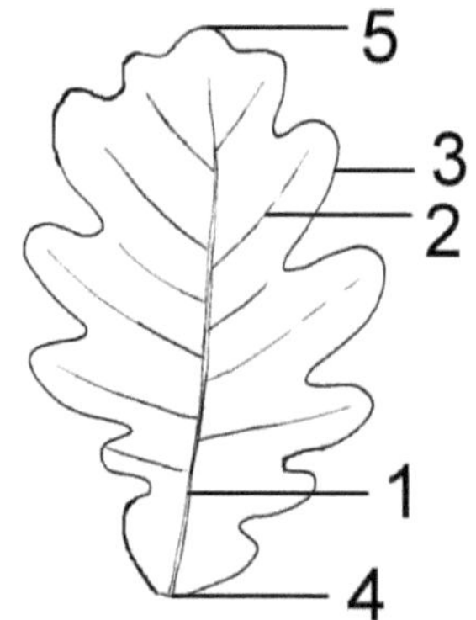

Teile der Spreite: 1 Mittelrippe, 2 Seitenrippe, 3 Blattrand, 4 Spreitengrund, 5 Spreitenspitze

Es werden drei Formen von Nervatur unterschieden, die auch eine systematische Bedeutung haben. Bei den Einkeimblättrigen tritt hauptsächlich Parallelnervatur auf. Hier verlaufen die Hauptadern längs und parallel zueinander. Daraus ergibt sich der meist glatte Blattrand der Einkeimblättrigen. Besonders deutlich wird dies bei den Gräsern. Die Hauptadern und auch die vielen kleineren Parallel-Leitbündel sind jedoch durch kleine, meist mit freiem Auge sichtbare Leitbündel miteinander verbunden (transversale Anastomosen). Die parallele Anordnung der Leitbündel führt auch zu einer parallelen Anordnung der Spaltöffnungen.

Die meisten Zweikeimblättrigen besitzen eine kompliziertere Netznervatur. Daraus ergibt sich auch die fast beliebige Form der Spreite.

Bei Farnen und beim Ginkgo tritt die Gabel- oder Fächernervatur auf. Hier sind die Leitbündel dichotom (gabelförmig) verzweigt und enden blind am vorderen Blattende.

Besonders bei den Zweikeimblättrigen treten die Laubblätter in einer großen Formenvielfalt auf. Die Form und Beschaffenheit der Blätter sind daher wichtige Bestimmungsmerkmale zum Erkennen der Pflanzenarten. Die Beschaffenheit kann z. B. häutig, ledrig oder sukkulent (=fleischig) sein. Für die Oberfläche sind häufig auch Haare (Trichome) von Bedeutung. Bei der Gestalt sind wichtig:

- Die Gliederung der Blattspreite: Wenn die Spreite eine einzige zusammenhängende Gewebefläche darstellt, spricht man von einem „einfachen" Blatt. Im Unterschied dazu gibt es auch so genannte „zusammengesetzte" Blätter. Bei ihnen ist die Aufteilung der Blattfläche so weit fortgeschritten, dass die einzelnen Abschnitte als vollständig voneinander geschiedene Teile erscheinen. Diese werden – unabhängig von ihrer Größe – als Blättchen bezeichnet. Sie ahmen die Gestalt einfacher Blätter nach und sind häufig sogar mit einem Blattstielchen versehen.
- Die Anordnung der Abschnitte: Nach ihrer gegenseitigen Anordnung lassen sich grob drei Typen unterscheiden:
  - gefiederte Blätter,
  - handförmige Blätter und
  - fußförmige Blätter.

Bei den ersteren heißt die Mittelrippe, d. h. der gemeinschaftliche Stiel, an welchem die einzelnen *Fiederblättchen* meist in Paaren sitzen, Blattspindel (Rhachis). Schließt letztere mit einem Endblättchen (Endfieder) ab, hat man ein unpaarig gefiedertes Blatt vor sich. Das endständige Fiederblättchen kann auch rankenförmig umgebildet sein wie z. B. bei den Erbsen. Dagegen spricht man von einem paarig gefiederten Blatt, wenn ein solches Endblättchen fehlt. Die handförmigen Blätter unterscheidet man nach der Anzahl der Teilblättchen als dreizählig, fünfzählig etc. Es gibt auch Blätter, die mehrfach zusammengesetzt sind; dies ist besonders häufig bei gefiederten Blättern der Fall. Die Abschnitte werden hier *Fiedern* genannt. Man spricht hier von „doppelt gefiederten" Blättern.

Einfaches, ungeteiltes Blatt der Zitterpappel

Gefiedertes Blatt der Rose

Handförmiges Blatt der Rosskastanie

Fußförmiges Blatt der Schneerose

- Der Blattrand (3): Die sehr mannigfaltigen Formen des Blattrandes werden in der Botanik durch zahlreiche Begriffe bezeichnet, von denen nachfolgend einige aufgelistet sind: ganzrandig, gezähnt, gesägt, gebuchtet, gekerbt usw.
- Die Gestalt der Spreite oder Blättchen: Hier wird angegeben, ob das Blatt z. B. rundlich, elliptisch, linealisch, nierenförmig usw. ist.
- Der Spreitengrund (4), auch Spreitenbasis genannt, beschreibt, wie die Blattspreite in den Blattstiel übergeht: z. B. herzförmig, pfeilförmig.
- Der Spreiten-Apex (5, die Spitze) kann ausgerandet, abgerundet, spitz, stumpf usw. sein.
- Von Bedeutung ist auch der Spreitenquerschnitt (umgerollt, gefaltet, gerillt).
- Auch die dreidimensionale Form kann vom typischen Blatt abweichen (kugelig, röhrenförmig usw.)

Eine detaillierte Beschreibung der Blattformen wird im Artikel Blattform aufgezeigt.

Evolution

Man unterscheidet generell zwei Typen von Blättern, die gemäß der Telomtheorie unabhängig voneinander entstanden sind:

Fossiles Blatt einer Ginkgo-Art aus dem Jura. Fundort: Scarborough, Yorkshire, England.

1. Mikrophylle sind kleine, oft nadelförmige Blätter mit nur einem Leitbündel. Das Mesophyll ist meist wenig differenziert. Ihre Entstehung in der Evolution deutet man als Reduktion der Telome. Die ältesten Gefäßpflanzen, die ab dem Obersilur bekannten Urfarngewächse wie *Cooksonia* und *Rhynia* hatten noch keine Blätter. Die ersten Mikrophylle sind von den Protolepidodendrales aus dem Unterdevon bekannt. Heute kommen die Mikrophylle bei den Bärlapppflanzen, den Schachtelhalmen und den Gabelblattgewächsen vor. Mikrophylle sind in der Regel klein, bei den Schuppenbäumen (*Lepidodendron*) erreichten sie jedoch eine Länge von rund einem Meter.
2. Die Entstehung der Makro- oder Megaphylle wird durch die Einebnung (Planation) und anschließende Verwachsung der ursprünglich dreidimensional angeordneten Telome erklärt. Megaphylle treten erstmals bei den Farnen (Polypodiophyta) auf und werden hier meist Wedel genannt. Der Grundtyp des Megaphylls ist das gefiederte Laubblatt. Die übrigen Blattformen lassen sich – weitgehend auch fossil belegt – davon ableiten. Bei den fossilen Primofilices (Mitteldevon bis Unterperm) waren die Fiederabschnitte noch räumlich angeordnet (Raumwedel), wie auch heute noch bei den Natternzungengewächsen (Ophioglossaceae).[1]

Wachstum und Lebensdauer

Blätter entstehen aus wenigen Zellen aus den äußeren Zellschichten (Tunica) des Sprossmeristems, also exogen. Unterhalb des Apikalmeristems bilden sich in der Tunica seitliche Auswüchse. Aus einer zunächst schwachen Erhebung entsteht ein kleiner, meist stumpf konischer Zellgewebshöcker, das Blattprimordium oder die Blattanlage genannt.

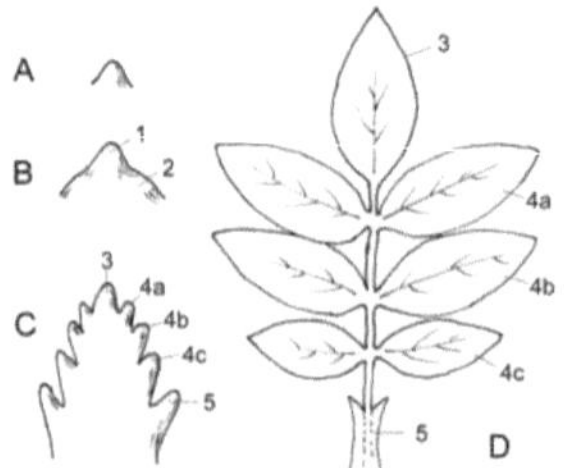

Entwicklung eines Fiederblattes. A Blatthöcker am Sprossscheitel, B Gliederung in Oberblatt (1) und Unterblatt (2), C Anlage der Fiederblätter, D fertiges Fiederblatt. 3 Endfieder, 4a,b,c Seitenfiedern, 5 Nebenblatt

Durch ein Signal des Sprossmeristems erfolgt die dorso-ventrale Organisation des Blattes. Unterbleibt dieses Signal – etwa indem das Blattprimordium vom Sprossmeristem getrennt wird – bildet sich eine radiärsymmetrische Struktur mit ventralen Differenzierungen. Die dorsale Entwicklung wird durch eine Gengruppe gefördert, zu der die Gene PHABULOSA (PHB), PHAVOLUTA (PHV) und REVOLUTA (REV) gehören, die für Transkriptionsfaktoren kodieren. Diese Gene werden schon in der Peripheren Zone des Sprossmeristems gebildet, also noch vor der Bildung des Blattprimordiums. Sobald das Primordium erkennbar ist, ist die Expression der Gene auf die dorsale Seite beschränkt. Auf der ventralen Seite des Blattprimordiums werden Gene der YABBY (YAB) Genfamilie (Transkriptionsfaktoren mit Zinkfinger-Domäne) und Gene der KANADI (KAN) Genfamilie (GARP Transkriptionsfaktoren) exprimiert. Auch diese Gene werden zunächst gleichmäßig im ganzen Blattprimordium exprimiert. Blattanlagen exprimieren also zunächst dorsalisierende (PHB) wie auch ventralisierende (YAB, KAN) Gene. Ein Signal vom Meristem aktiviert PHB Transkriptionsfaktoren, abhängig von der Lage reprimieren diese die YAB und KAN Gene und erhalten die eigene Expression aufrecht. Auf diese Weise entsteht die dorso-ventrale Gliederung. Auch die proximo-distale Blattentwicklung scheint dadurch gefördert zu werden.[2]

Aus der Blattanlage entwickelt sich der Blatthöcker, dieser differenziert sich durch eine Einschnürung in einen breiten, proximalen Abschnitt, das Unterblatt, und einen schmalen, distalen Abschnitt, das Oberblatt.

Das Wachstum erfolgt nur kurze Zeit mit der Spitze (akroplast). Die Spitze stellt sehr früh ihr Wachstum ein, das Wachstum erfolgt durch basale oder interkalare Meristeme (basiplastes bzw. interkalares Wachstum). Die Blattspreite (Lamina) entsteht meist durch basiplastes Wachstum, der Blattstiel (Petiolus) und die Spreiten der Gräser durch interkalares Wachstum. Eine Ausnahme bilden die Farne, deren Wachstum akroplast mittels einer Scheitelzelle bzw. einer Scheitelkante (aus mehreren Zellen) erfolgt.

Im weiteren Wachstumsverlauf passieren Zellteilungs- und Zellstreckungsvorgänge nicht im gesamten Blattkörper gleichmäßig, sondern nur innerhalb meristematisch (bzw. teilungs-) aktiver Zonen. Ob, zu welchem Zeitpunkt, und wie intensiv diese Zonen aktiv sind, ist genetisch festgelegt und führt zu einer charakteristischen Blattform.

Blätter haben in der Regel nur eine begrenzte Lebensdauer, nur bei wenigen mehrjährigen Arten bleiben die Blätter während der ganzen Lebensdauer der Pflanze erhalten (z. B. bei der Welwitschie). Nach der Lebensdauer unterscheidet man zwischen immergrünen Blättern (leben mindestens zwei Vegetationsperioden), wintergrünen (überwintern grün), sommergrünen (nur eine Vegetationsperiode lang) und hinfälligen Blättern (fallen sehr bald ab, z. B. Kelchblätter des Mohns).

Ein Kirschblatt in Herbstfärbung. Deutlich zu erkennen die Mittelrippe und die Seitenrippen, sowie die kleineren, netzartig verbundenen Leitbündel.

Der Blattfall erfolgt durch Bildung einer eigenen Trennungszone (Abszissionszone) am Übergang von der Sprossachse zum Blatt (siehe Abszission).

Farbe und Farbänderung

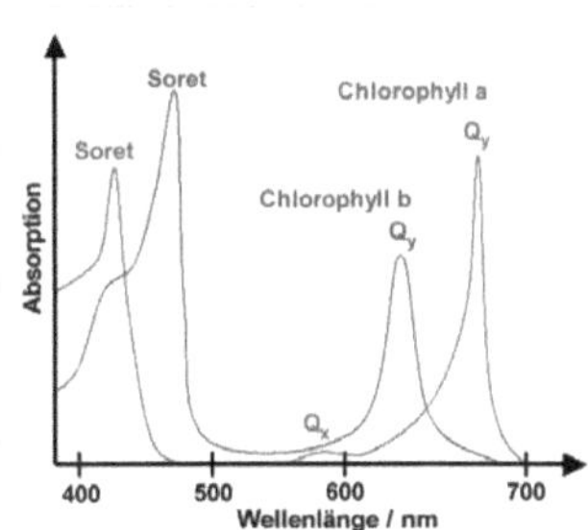

Absorptionsspektrum von Chlorophyll *a* und *b*

Die Absorptionsspektren von in Lösungsmitteln gelösten Chlorophyllen besitzen immer zwei ausgeprägte Absorptionsmaxima, eines zwischen 600 und 800 nm und eines um 400 nm, das Soret-Bande genannt wird. Die Abbildung links zeigt diese Absorptionsmaxima für Chlorophyll *a* und *b*. Die Grünlücke ist der Grund dafür, warum Blätter – diese enthalten Chlorophyll *a* und *b* – grün sind: Zusammen absorbieren Chlorophyll *a* und *b* hauptsächlich im blauen Spektralbereich (400–500 nm) sowie im roten Spektralbereich (600–700 nm). Im grünen Bereich hingegen findet keine Absorption statt, so dass dieser Anteil von Sonnenlicht gestreut wird, was Blätter grün erscheinen lässt.

Besonders auffällig ist die Blattverfärbung vor dem herbstlichen Laubfall. Dieser kommt dadurch zustande, dass in den Zellen das grüne Stickstoff-reiche Photosynthese-Pigment Chlorophyll abgebaut und der Stickstoff in die Sprossachse verlagert wird. Im Blatt verbleiben die bis dahin vom Grün überdeckten gelben Carotine und bei manchen Arten die roten Anthocyane, die für die bunte Herbstfärbung verantwortlich sind. Bei manchen Pflanzen dominieren die Anthocyane generell über das grüne Chlorophyll, so z. B. bei der Blutbuche. Andere Blätter sind grün-weiß gefleckt, panaschiert. Diese Formen sind im Zierpflanzenbereich sehr beliebt.

Rotgefärbte Cabernet-Traubenblätter, Oktober 2007

Blattfolge

Als Blattfolge bezeichnet man die Abfolge verschieden gestalteter Blätter an einer Pflanze. Eine typische Blattfolge ist Keimblätter – Primärblätter – Laubblätter – Blütenblätter. Dazwischen können noch Hoch- und Niederblätter zwischengeschaltet sein. Bei den Farnen verändert sich, mit wenigen Ausnahmen wie den Geweihfarnen, die Gestalt der Blätter am gesamten Spross und an allen Zweigen nur wenig. Im Zuge der Blattfolge kann es zur so genannten Heterophyllie kommen, der unterschiedlichen Ausformung von Blättern an einer Pflanze. Heterophyllie findet sich z. B. am Efeu.

Keimblätter

Die Keimblätter (Kotyledonen) der Samenpflanzen sind die ersten, im Embryo angelegten Blätter und bereits im Samen erkennbar. Sie sind meist wesentlich einfacher gestaltet als die folgenden Blätter. Die Anzahl der Keimblätter dient auch als ein wichtiges systematisches Merkmal. Die Klasse der Einkeimblättrigen (Liliopsida) wurde nach ihrem einzigen Keimblatt benannt (monokotyl). Ihnen wurde bis vor wenigen Jahren die Klasse der Zweikeimblättrigen (Magnoliopsida) gegenübergestellt (dikotyl), die heute jedoch auf zwei Klassen aufgeteilt ist. Die Nacktsamer besitzen meist mehrere Keimblätter und werden deshalb als polykotyl bezeichnet. Je nachdem, ob die Keimblätter bei der Keimung die Erdoberfläche durchbrechen, spricht man von epigäischer (über der Erdoberfläche, unsere meisten Kulturpflanzen) oder hypogäischer (unterhalb der Erdoberfläche, z. B. bei der Erdnuss) Keimung.

Keimblätter von *Jacaranda mimosifolia* (Palisanderbaum)

Primärblätter

Bei vielen Pflanzen folgen auf die Keimblätter Laubblätter, die ebenfalls noch einfacher gestaltet sind als die später gebildeten. Dies sind die sogenannten Primärblätter.

Laubblätter

Dies sind die Blätter, die den Großteil der Blattmasse bei den meisten Pflanzen ausmachen und deren Hauptaufgabe die Photosynthese und Transpiration ist. Besonders für sie gilt der oben in den Abschnitten Anatomie und Morphologische Gliederung beschriebene Aufbau.

Blütenblätter

Morphologisch betrachtet, ist eine Blüte ein Kurzspross, die an diesem Kurzspross sitzenden Blätter sind zu den Blütenblättern umgebildet: Die Blütenhüllblätter sind entweder unterschiedlich ausgebildet als Kelch- (Sepalen) und Kronblätter (Petalen) oder einheitlich als Perigonblätter (Tepalen); nach innen hin folgen die Staub- und die Fruchtblätter.

Niederblätter

Niederblätter (Cataphylle) sind in der Regel klein und einfach gestaltet, vielfach schuppenförmig. Vielfach ist nur das Unterblatt ausgebildet. Meist sind sie nicht grün. An der Sprossachse stehen sie unterhalb der Laubblätter, daher der Name. Sie stehen entweder am Beginn des Grund- oder des Seitentriebes, bei Holzgewächsen stehen Niederblätter häufig als Knospenschuppen am unteren Ende des Jahrestriebes (nicht bei allen Gehölzen sind die Knospenschuppen jedoch Niederblätter). Hier wechseln sich Laubblatt- und Niederblattregion periodisch miteinander ab. Niederblätter finden sich auch an Rhizomen, unterirdischen Ausläufern. Auch die Zwiebelschuppen der Zwiebeln sind meist Niederblätter.

Hochblätter

Als Hochblätter bezeichnet man bei Pflanzen Tragblätter, die in ihrer Blattachsel eine Einzelblüte, einen Blütenstand oder einen Teilblütenstand tragen. Ein Tragblatt einer einzelnen Blüte nennt man Deckblatt. Als Hüllblätter (Involukralblätter) bezeichnet man Hochblätter, die meist zu mehreren einen Blütenstand umgeben. Ihre Gesamtheit nennt man Hülle (Involukrum). Die am Blütenzweig direkt auf die Braktee folgenden Blätter nennt man Vorblätter (Brakteolen).

Häufig unterscheiden sich die Hochblätter von den normalen Laubblättern, z. B. durch eine auffällige Färbung. Von den Niederblättern sind sie nur durch die Stellung im Spross unterschieden. Häufig finden sich zwischen den Laub- und den Hochblättern Übergangsformen (Übergangsblätter).

Blattstellung

Blätter sind an der Sprossachse in gesetzmäßiger, artspezifischer Weise angeordnet. An jedem Knoten der Sprossachse können ein oder mehrere Blätter sitzen, es gibt vier Grundarten der Blattstellung:

- Bei der zweizeiligen oder distichen Blattstellung steht an jedem Knoten nur ein Blatt, Blätter aufeinander folgender Knoten sind um 180° verschoben, sodass sich an der Sprossachse zwei Längszeilen von Blättern ergeben. Vertreter sind viele monokotyle Pflanzen und Schmetterlingsblütler.
- Bei wechselständiger Blattstellung sitzt ebenfalls nur ein Blatt an jedem Knoten, der Winkel zwischen zwei Blättern ist aber von 180° verschieden, die Blätter stehen entlang einer Spirallinie. Diese Anordnung ist für dikotyle Pflanzen charakteristisch.

Beispiel für quirlständige Blattstellung bei *Galium aparine* (Klebriges Labkraut)

- Bei der gegenständigen Blattstellung stehen an jedem Knoten zwei Blätter. Bei der dekussierten oder kreuzgegenständigen Blattstellung sind aufeinander folgende Blattpaare jeweils um 90 Grad gedreht, stehen also im rechten Winkel übereinander. Es entstehen vier Längszeilen. Vertreter sind Lippenblütler, Nelkengewächse und Ölbaumgewächse.
- Bei quirliger Blattstellung stehen an jedem Knoten drei oder mehr Blätter, wobei die Blätter des nächstjüngeren Knotens auf Lücke stehen. Vertreter sind z. B. die Rötegewächse (Waldmeister).

Abwandlungen der Blätter

Wie bei der Wurzel und der Sprossachse sind auch die Blätter vielfach durch Metamorphosen abgewandelt, um entweder ihre ursprüngliche Funktion an bestimmte Umweltbedingungen angepasst zu erfüllen oder überhaupt andere Funktionen zu übernehmen.

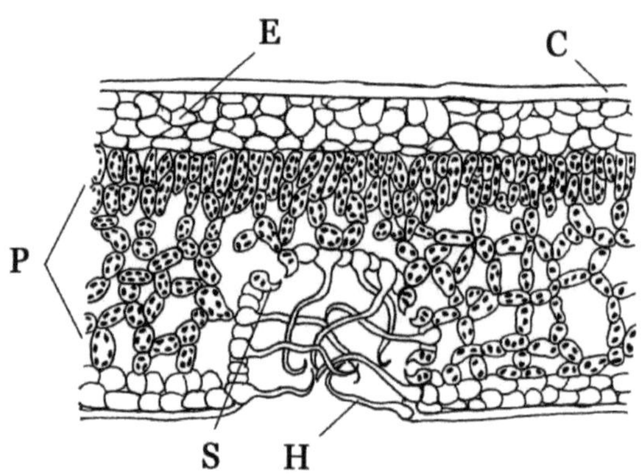

Blattanatomie von Xerophyten. Besonderheiten:
C = verdickte Cuticula,
E = mehrschichtige Epidermis,
H = tote, epidermale Blatthaare,
P = mehrschichtiges Palisaden- und Schwammgewebe,
S = eingesenkte Spaltöffnungen

Sonnen- und Schattenblätter

Sonnenblätter

Sonnenblätter, d. h. Blätter, die dem vollen Sonnenlicht ausgesetzt sind, bilden häufig ein mehrschichtiges, kleinzelliges Palisadenparenchym aus. Die Interzellularen im Schwammparenchym sind schwach ausgebildet.

Schattenblätter

Schattenblätter haben oft ein reduziertes Palisadenparenchym, die Blätter bestehen aus wenigen Zellschichten, die Zellen sind groß und besitzen wenige Chloroplasten. Das Interzellularensystem ist weiträumig, die Palisadenzellen sind kegelförmig. Die Wasserleitungsbahnen sind oft reduziert.

Besonders bei Bäumen (z. B. Rotbuche) treten Sonnen- und Schattenblätter an einer Pflanze auf. Sonnenblätter leiten aber auch zu den xeromorphen Blättern über, Schattenblätter zu den hygromorphen Blättern.

Xeromorphe Blätter

Viele Pflanzen trockener Standorte reduzieren ihre Blätter vollständig oder wandeln sie in Dornen um, wie z. B. die Kakteengewächse. Dadurch wird die Oberfläche der Pflanze wesentlich reduziert und damit auch die Transpiration.

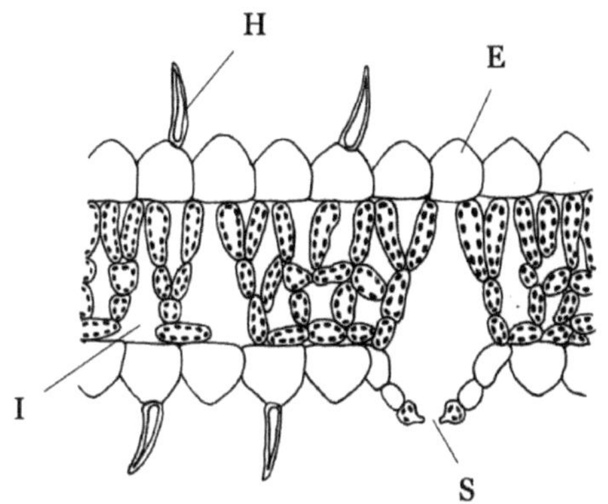

Blattanatomie von Hygrophyten. Besonderheiten:
E = gewölbte, papillenartige Epidermiszellen,
H = lebende, epidermale Blatthaare,
I = große Interzellulare,
S = herausgehobene Spaltöffnungen

Zahlreiche Xerophyten behalten jedoch ihre Blätter, deren Aufbau aber stark in Richtung Transpirations-Verminderung abgewandelt ist. Xeromorphe Blätter sind meist derb-lederig (Hartlaubgehölze, wie etwa Lorbeer, Myrte und Ölbaum). Die Spaltöffnungen sind tief in die Blattoberfläche eingesenkt, die dadurch entstehenden Vertiefungen (Krypten) sind mit Haaren versehen, die die Luftkonvektion weiter behindern. Der substomatäre Interzellularraum kann mit Wachs verschlossen sein. Vielfach werden bei Trockenheit die Blätter eingerollt und so die Spaltöffnungen weiter eingeschlossen (z. B. *Stipa capillata*).

Die Epidermis besitzt eine verdickte Cuticula mit starker Wachseinlagerung. Vielfach sind die Blätter dicht mit toten Haaren besetzt. Dies führt zu einem geringeren Luftaustausch und zu einem deutlich feuchteren Mikroklima direkt an der Blattoberfläche.

Xeromorphe Blätter sind oft äquifazial aufgebaut. Auch das Nadelblatt weist einen typisch xeromorphen Bau auf, da die Nadelgehölze im Winter oft starker Frosttrocknis ausgesetzt sind.

Da eine Verringerung der Transpiration jedoch zu einer Überhitzung führen kann, stellen manche Pflanzen ihre Blätter senkrecht zur Sonneneinstrahlung, wie etwa manche australischen Eukalypten, die „schattenlose Wälder" bilden.

Hygromorphe Blätter

Hygromorphe Blätter sind eine Anpassung an immerfeuchte Standorte. Zusätzlich zu den Merkmalen der Schattenblätter besitzen sie große, dünnwandige Epidermiszellen, die häufig Chloroplasten führen und nur eine dünne Cuticula besitzen. Die Spaltöffnungen sind oft über die Epidermis emporgehoben, um die Transpiration zu erleichtern. Hygrophyten (Hygromorphe Blätter), die meist in tropischen Gebieten leben, haben nämlich die Schwierigkeit, wegen der hohen Luftfeuchtigkeit Wasser abzugeben, um somit neues (und damit auch Mineralien) aufzunehmen. Im Gegensatz zu Xerophyten die ihre Stoma nach innen gestülpt haben um möglichst wenig Wasser zu transpirieren, haben Hygrophyten ihre Spaltöffnung nach Außen vorgestülpt. Manchmal kommt auch aktive Wasserausscheidung (Guttation) über die Stomata vor, dann hängen Wassertropfen an der hervorgestülpten Stoma, die vom Wind weggeweht oder von Tieren durch Berührung zu Boden fallen. Guttation ist die Ausscheidung von Wasser, das nicht mehr in Gasform vorliegt wie bei der Transpiration.

Nadelblatt

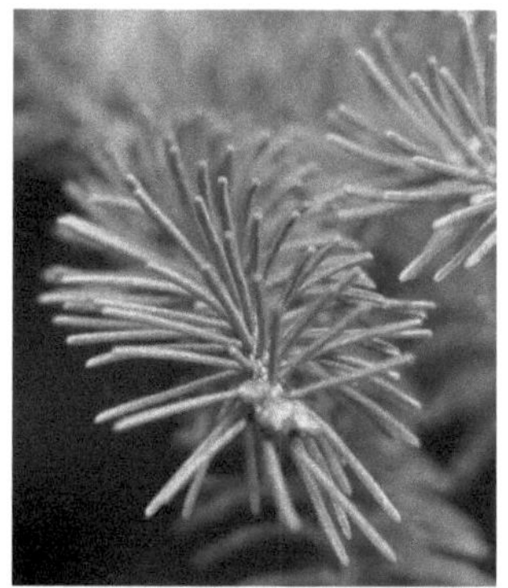

Ein Zweig mit Nadelblättern.
Picea glauca

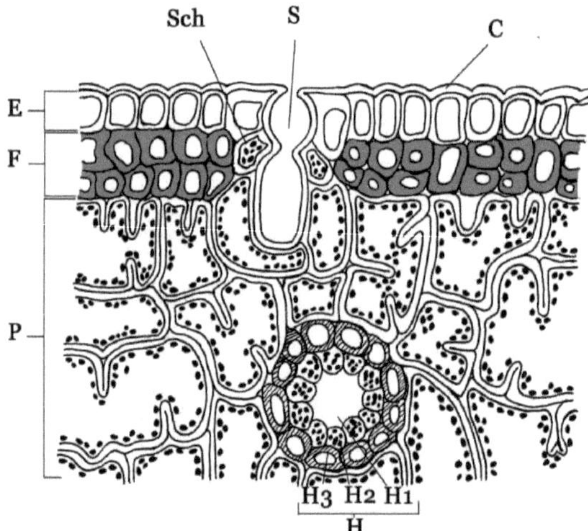

Blattanatomie eines Nadelblattes. Bezeichnung:
C = dicke Cuticula,
E = Epidermis,
F = totes Festigungsgewebe (Hypoderm),
H = Harzkanal,
$\mathbf{H_1}$ = Lumen (Hohlraum),
$\mathbf{H_2}$ = Drüsenepithel,
$\mathbf{H_3}$ = sklerenchymatische Scheide,
P = Armpalisaden-Parenchym,
S = eingesenkte Spaltöffnungen,
Sch = Schließzellen

Die Nadelblätter der meisten Nadelholzgewächse (Pinophyta) sind großteils eine Anpassung an Trockenheit (Xeromorphie). Die meist immergrünen Bäume sind im Winter der Frosttrocknis ausgesetzt, d. h. durch den gefrorenen Boden kann die Pflanze kein Wasser aufnehmen und muss daher dem Wasserverlust über die Blätter entgegenwirken: Die Nadeln haben eine kleine Oberfläche, eine dicke Cuticula und die Spaltöffnungen sind in die Epidermis eingesenkt.

Nadelblätter weisen weitere charakteristische Merkmale auf – die meisten Blätter sind äquifazial aufgebaut, Schwamm- und Palisadenparenchym sind nicht deutlich getrennt. Darüber hinaus gibt es einige bifaziale Nadelblätter, z. B. das der Weißtanne (*Abies alba*), die eine unterschiedliche Differenzierung nach Oberseite (Palisadenparenchym) und Unterseite (Schwammparenchym sowie weiße Wachsschicht mit Stomata) ähnlich einem Laubblatt aufweisen. Die Oberfläche der Mesophyllzellen einiger Pinusarten ist durch leistenförmige Wandeinstülpungen vergrößert (Armpalisaden-Parenchym). Zwischen diesem Parenchym und der Epidermis liegt ein sklerotisches (totes) Festigungsgewebe, die so genannte Hypodermis, aus extrem dicken Zellwänden. Die Epidermiszellen sind meistens mit sekundären und tertiären Wandverdickungen ebenfalls fast komplett ausgefüllt und weisen lediglich schmale Verbindungskanäle zur Nachbarzelle auf. Im Mesophyll verlaufen in Längsrichtung meist

Harzkanäle. Die ein bis zwei unverzweigten Leitbündel sind von einer gemeinsamen Leitbündelscheide, der Endodermis, umgeben. Der Stofftransport zwischen Leitbündel und Mesophyll erfolgt durch ein spezielles Transfusionsgewebe (Strasburger-Zellen) sowie durch kurze tote Tracheiden. Das Leitbündel besteht wie in der Sprossachse und der Wurzel aus Xylem und Phloem. Dazwischen befindet sich eine dünne Kambiumschicht, die zur Neubildung von Siebzellen bei mehrjährigen Nadelblättern dient (Siebzellen sind sehr kurzlebig, siehe auch Bast). Xylem wird kaum neu gebildet.

Weitere Metamorphosen

Dornen

Dornen dienen den Pflanzen zur Abwehr von Tieren. Blattdornen sind ein- oder mehrspitzige Umbildungen von Blättern oder Blattteilen aus sklerenchymatischem Gewebe. Die Dornen der Berberitze sind Umwandlungen des gesamten Blattes, sie treten an den Langtrieben auf. Nebenblattdornen (Stipulardornen) treten immer paarig auf und sind z. B. bei der Robinie zu finden.

Ranken

Ranken dienen der Pflanze zum Halt an Stützen. Sie können von allen Grundorganen des Blattes abgeleitet sein. Bei der Erbse sind beispielsweise die Endfiedern der Fiederblätter umgebildet, während bei der Platterbse die Ranke durch die Blattspreite gebildet wird, während die Nebenblätter die Photosynthese übernehmen. Bei manchen Pflanzen wird der Blattstiel für das Ranken benutzt – diese winden sich um die Stütze (z. B. Kannenpflanzen oder Zaunwinde).

Speicherorgane

An wasserarmen Standorten sind Blätter häufig zu wasserspeichernden Organen umgewandelt. Solche Blätter sind häufig äquifazial gebaut. An der Wasserspeicherung können entweder die Epidermis und subepidermales Gewebe beteiligt sein, oder es findet im Mesophyll statt.

Wasserspeichernde Zellen besitzen immer sehr große Saftvakuolen. Sukkulente Blätter haben ein dickfleischiges, saftiges Aussehen. Pflanzen mit derartigen Blättern bezeichnet man als Blattsukkulenten. Wie auch bei der Sprosssukkulenz geht die Blattsukkulenz häufig mit dem CAM-Mechanismus einher. Typische Blattsukkulenten sind die Agaven oder die Hauswurz-Arten.

Auch Zwiebeln bestehen aus Blättern und dienen der Speicherung. Eine Zwiebel ist eine äußerst gestauchte, unterirdische Sprossachse, der schalenförmig übereinander liegende, dickfleischige Schuppenblätter aufsitzen. Diese Schuppenblätter sind Niederblätter oder gehen aus dem Blattgrund abgestorbener Laubblätter hervor und dienen der Speicherung von Reservestoffen. In den ungünstigen Jahreszeiten überdauert die Pflanze als Zwiebel. Zwischen den Schuppenblättern treiben Achselknospen bei Beginn einer neuen Vegetationsperiode zu neuen Vegetationskörpern aus und verbrauchen dabei die gespeicherten Reservestoffe. Neben der Küchenzwiebel sind Tulpen, Lilien und Narzissen weitere Beispiele für Zwiebelpflanzen. Zwiebeln kommen nur bei Monokotylen vor.

Phyllodien

Wenn der Blattstiel verbreitert ist und die Funktion der Blattspreite übernimmt, so spricht man von Phyllodien. In diesem Fall ist die Blattspreite meistens stark reduziert. Beispiele finden sich bei den Akazien, bei denen sich häufig mehrere Übergangsstadien von den typischen Fiederblättern bis hin zu spreitenlosen Phyllodien an einer Pflanze finden.

Zweig der Berberitze von unten. In den Achseln der Dornen sitzen die beblätterten Kurztriebe.

Sukkulente Blätter der Dach-Hauswurz

Die Zwiebel besteht aus Blättern

Phyllodien von *Acacia confusa*

Blätter fleischfressender Pflanzen

Bei vielen fleischfressenden Pflanzen sind die Blätter zu Organen umgewandelt worden, mit denen Beute gefangen und absorbiert wird, je nach Gattung werden sie entweder als Klebe-, Klapp- oder Fallgrubenfallen bezeichnet. Dabei sind bei einigen Pflanzengattungen die Blätter auch zu, teils sehr schnellen, Bewegungen fähig (Sonnentaugewächse, Wasserschläuche). Alle fleischfressenden Pflanzen sind in der Lage, mit der Oberfläche ihrer Fallen die gelösten Nährstoffe der Beute zu absorbieren, die im strengen Sinne karnivoren Pflanzen sind zusätzlich noch mit Drüsen auf der Oberfläche der Fallen versehen, durch die sie Enzyme ausscheiden, die die Beute auflösen.

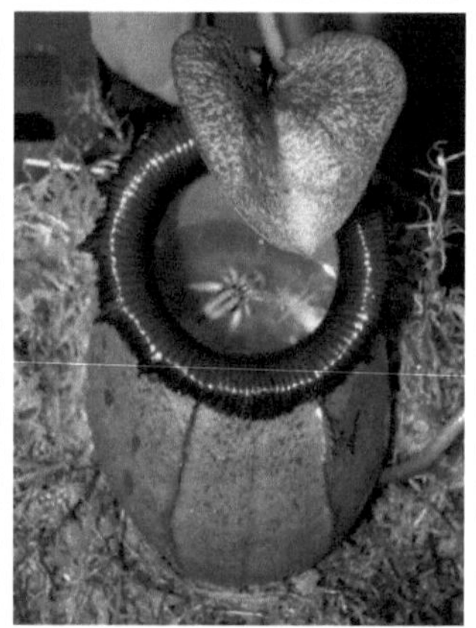

Eine Kanne der fleischfressenden *Nepenthes sibuyanensis*

Blätter der Epiphyten

Epiphyten wachsen auf Bäumen oder anderen Pflanzen und sind daher für ihre Wasser- und Nährstoffversorgung rein auf Niederschläge und Luftfeuchtigkeit (Nebel) angewiesen. Viele Epiphyten bilden mit ihren Blättern trichterförmige Rosetten, in denen sich Regenwasser ansammelt. In den Trichtern der Nestfarne, z. B. (*Asplenium nidus*), sammelt sich mit der Zeit sogar Humus an, ebenso in den Mantelblättern der Geweihfarne (*Platycerium*). Die Gattung *Dischidia* (Asclepiadaceae) bildet schlauchförmige Blätter, in denen sich Ameisenkolonien ansiedeln, die Erde einschleppen. In diese „Blumentöpfe" wachsen Adventivwurzeln ein. Ähnliches gilt auch für viele Lithophyten.

Die meisten (vor allem epiphytische) Bromeliengewächse, zum Beispiel *Tillandsia*-Arten, bilden spezielle Absorptionshaare (Saugschuppen) aus, mit deren Hilfe sie Wasser über das Blatt aufnehmen können.

Stoffaustausch über die Oberfläche

Die wichtigste Aufgabe der Blätter ist die Photosynthese, mit der der Austausch von Sauerstoff und Kohlendioxid mit der Umgebungsluft einhergeht, und die Transpiration, also die Abgabe von Wasser an die Atmosphäre. Diese Vorgänge werden in den jeweiligen Artikeln genauer beschrieben. Daneben gibt es noch eine Reihe weiterer Stoffe, die die Blätter über die Luft aufnehmen bzw. an die Luft abgeben können. [3]

Austausch über die Spaltöffnungen

Über die Spaltöffnungen werden vor allem gasförmige und sehr flüchtige Substanzen aufgenommen. Die wichtigsten sind Schwefeldioxid, Ammoniak und Stickstoffdioxid. Ammoniak kann in Gebieten mit intensiver Tierhaltung 10 bis 20 % des Pflanzenstickstoffs liefern. Die Aufnahme von Ammoniak durch die Spaltöffnungen steigt linear mit der Außenkonzentration. Dasselbe gilt für Stickstoffdioxid. Schwefeldioxid führt in hohen Konzentrationen zur Schädigung der Photosynthese, geringe Konzentrationen können besonders bei Schwefelmangel im Boden zu besserem Wachstum führen.

Pflanzen können aber über ihre Blätter auch Nährstoffe verlieren. So wurde der Verlust an Stickstoff durch die stomatäre Abgabe von Ammoniak für Reis auf 15 kg Stickstoff pro Hektar, für Weizen auf sieben kg Stickstoff pro Hektar berechnet, was in letzterem Fall 20 % der Düngergabe entsprach. Bei hoher Schwefeldioxid-Belastung geben Blätter Schwefelwasserstoff ab. Dies wird als Entgiftungsmechanismus gedeutet. Aber auch Pflanzen ohne Schwefeldioxid-Belastung geben flüchtige Schwefelverbindungen ab, für Hafer und Raps wurden Werte von zwei bis drei Kilogramm Schwefel pro Hektar und Jahr errechnet. Pflanzen mit hohem Selen-Gehalt geben ebenfalls flüchtige Selen-Verbindungen, wie etwa Dimethylselen ab.

Aufnahme von gelösten Stoffen, Blattdüngung

Die Aufnahme von gelösten Stoffen über die Blätter ist bei Landpflanzen durch die Cuticula der Epidermis stark eingeschränkt. Niedermolekulare Verbindungen wie Zucker sowie Mineralstoffe und Wasser können durch hydrophile Poren die Cuticula passieren. Diese Poren haben einen Durchmesser von einem Nanometer, dadurch kann z. B. Harnstoff (Durchmesser 0,44 Nanometer) leicht passieren. Die Poren sind negativ geladen, so dass Kationen leichter passieren können als Anionen. Damit wird z. B. Ammonium rascher aufgenommen als Nitrat. Poren treten besonders häufig in der Zellwand der Schließzellen auf, womit die häufig beobachtete positive Korrelation zwischen der Anzahl der Stomata und der Nährstoffaufnahme aus flüssigem appliziertem Dünger erklärt werden kann.

Die weitere Aufnahme in die Zelle verläuft gleich wie bei der Nährstoffaufnahme der Wurzeln über den Apoplasten. Die Aufnahmerate ist bei gleicher externer Nährstoffkonzentration jedoch bei Blättern aufgrund des zusätzlichen Engpasses der Cuticula wesentlich geringer als bei der Wurzel. Im Gegensatz zu Wurzeln wird die Ionenaufnahme von Blättern durch Licht gefördert. Die Aufnahmerate ist auch abhängig von der internen Nährstoffkonzentration, d. h. die Aufnahme ist bei Nährstoffmangel rascher.

In natürlichen Ökosystemen ist die Aufnahme von Nährstoffen nur bei Stickstoff und Schwefel von Bedeutung.

Blattdüngung führt den Pflanzen die Nährstoffe in der Regel rascher zu als herkömmliche Bodendüngung. Daher wird sie trotz mancher Nachteile in vielen Bereichen eingesetzt.

Zu den Nachteilen zählen:

- Abperlen von der hydrophoben Blattoberfläche
- Abwaschen durch Regen
- Bestimmte Nährstoffe wie Kalzium können von den Blättern nicht mehr in andere Pflanzenteile transportiert werden.
- Mit einer Blattdüngung kann nur eine begrenzte Menge an Nährstoffen aufgebracht werden (Ausnahme ist Harnstoff).

- Es kann zu Schäden am Blatt führen: Nekrosen und *Verbrennungen.*

Unter bestimmten Bedingungen ist die Blattdüngung dennoch von großer praktischer Bedeutung:

- Nährstoffmangel im Boden: Auf Kalkböden, die Eisen immobilisieren, kann Blattdüngung mit Eisen vor Chlorosen schützen. Dasselbe gilt für Mangan-Mangel. Bei Obstbäumen kann eine im Herbst applizierte Blattdüngung mit Bor vor Bormangel schützen.
- Trockene Oberböden: In semiariden Gebieten ist die Nährstoffverfügbarkeit durch die Austrocknung des Oberbodens oft drastisch reduziert. In solchen Fällen ist Blattdüngung effektiver als Bodendüngung.
- Während der Samenfüllung ist bei vielen Pflanzen die Wurzelaktivität reduziert. Auch hier kann Blattdüngung zu höheren Nährstoffgehalten und auch Ernteerträgen führen.

Bei der Bewässerung mit salzhaltigem Wasser kann es zu stark erhöhter Aufnahme von Chlorid und Natrium kommen. Dieser Effekt ist bei dieser Bewässerungsart stärker als es bei der Tröpfchenbewässerung der Fall ist.

Leaching

Der Verlust von organischen und anorganischen Stoffen durch Flüssigkeiten, besonders Regen und Bewässerung, wird meist mit dem englischen Begriff *Leaching* (Lecken, Auswaschen) bezeichnet. Man unterscheidet vier Arten:

1. Aktive Exkretion von Lösungen, z. B. die Exkretion von Salz durch Salzdrüsen in Halophyten.
2. Exkretion von inorganischen Lösungen an Blattspitzen und -rändern durch Wurzeldruck: Guttation.
3. *Leaching* aus verletzten Blattbereichen.
4. *Leaching* aus dem Apoplasten von intakten Blättern.

Von wesentlicher ökologischer Bedeutung sind die letzten beiden Arten. Der Verlust ist höher in alten Blättern und unter Stress (Trockenheit, hohe Temperatur, Ozon). Auch ein niedriger pH-Wert des Regens (*saurer Regen*) erhöht das Leaching. Die Kationen des Blattes werden wie in einem Ionenaustauscher durch Protonen ersetzt.

Mit Ausnahme von Stickstoff und Schwefel überwiegt in natürlichen Ökosystemen das Leaching. Besonders hoch ist der Verlust in Gebieten mit starken Regenfällen. Für tropische Regenwälder wurden folgende Jahreswerte berechnet (in Kilogramm pro Hektar): Kalium 100–200, Stickstoff 12–60, Magnesium 18–45, Kalzium 25–29, und Phosphor 4–10. In gemäßigten Breiten fällt – verglichen mit den internen Blattgehalten – die hohe Leaching-Rate von Kalzium und Mangan auf. Diese Elemente sind nicht phloemmobil, d. h. sie sammeln sich in den Blättern an. Das starke Leaching wird als Strategie der Pflanzen gedeutet, zu hohe Konzentrationen zu vermeiden.

Neben Mineralstoffen können auch größere Mengen an organischen Verbindungen durch Leaching verloren gehen. Für Wälder der gemäßigten Breiten wurden Werte von 25 bis 60 Kilogramm Kohlenstoff pro Hektar und Jahr errechnet, für tropische Wälder schätzt man die Menge auf mehrere hundert Kilogramm.

Das Blatt als Lebensraum

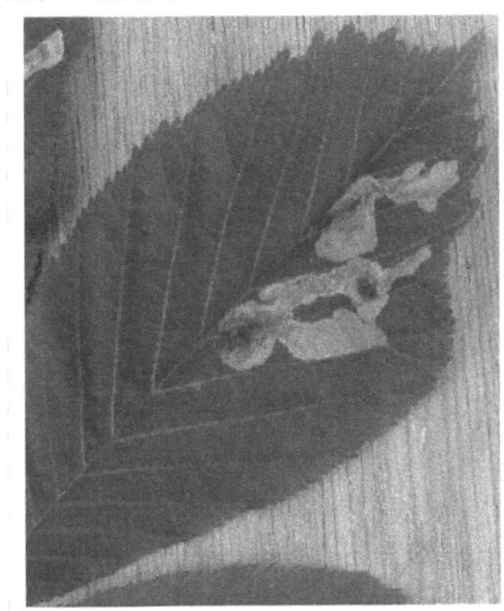
Minen in einem Rosskastanien-Blatt

Blätter enthalten als physiologisch sehr aktive Pflanzenteile (Photosynthese) in der Regel sehr viele Nährstoffe und sind daher eine sehr wichtige Nahrungsquelle für eine Vielzahl von Tierarten. Etliche Tiergruppen benutzen jedoch die Blätter zugleich auch als Lebensraum. Hierzu zählen etwa die Blattminierer wie z. B. die Rosskastanienminiermotte. Dies sind Insekten, deren Larven Gänge im Inneren der Blätter fressen. Weitere Beispiele sind Blattroller (Familie Attelabidae), deren Weibchen Blätter einrollen und darin die Eier ablegen, so dass die Larven geschützt sind und Gallwespen, die mit der Eiablage die Bildung sogenannter Gallen, Wucherungen des Pflanzengewebes, auslösen, von denen sich die Larven ernähren.

Blätter werden auch von einer Vielzahl von Pilzen befallen, wie etwa von Mehltau-, Brand- und Rostpilzen, die in landwirtschaftlichen und gartenbaulichen Kulturen große Schäden anrichten können. In Blättern leben auch oft endophytische Pilze, die zu keiner erkennbaren Schädigung der Pflanze führen.

Auf Blättern können wiederum andere Pflanzen leben, man nennt diese Lebensform Epiphyllie. Epiphylle Moose und Flechten sind besonders häufig in den tropischen Regen- und Nebelwäldern.

Den Lebensraum, den die unmittelbare Blattoberfläche für andere Organismen bietet, bezeichnet man auch als Phyllosphäre.

Quellenangaben

[1] vgl. *Lexikon der Biologie.* Bd 3. Spektrum Akademischer Verlag, Heidelberg 2000, S. 1. ISBN 3-8274-0328-6; Sitte u. a., 2002, S. 717–750.

[2] Wilhelm Seyffert (Hrsg.); Wilhelm Seyffert (Hrsg.): *Lehrbuch der Genetik.* Spektrum Akademischer Verlag, Heidelberg 2003, ISBN 3-8274-1022-3, S. 712f.

[3] Der Abschnitt folgt Horst Marschner: *Mineral nutrition of higher plants.* 2 Auflage. Academic Press, London 1995, ISBN 0-12-473543-6, S. 116-130.

Literatur

- Wolfram Braune, Alfred Leman, Hans Taubert: *Pflanzenanatomisches Praktikum. 1. Zur Einführung in die Anatomie der Vegetationsorgane der Samenpflanzen.* 6 Auflage. Gustav Fischer, Jena 1991, ISBN 3-334-60352-0, S. 176-220.
- Manfred A. Fischer, Wolfgang Adler, Karl Oswald: *Exkursionsflora für Österreich, Liechtenstein und Südtirol.* 2., verb. u. erw. Auflage. Biologiezentrum der Oberösterreichischen Landesmuseen, Linz 2005, ISBN 3-85474-140-5, S. 72-84.
- Stefan Klotz, Dieter Uhl, Christopher Traiser, Volker Mosbrugger: *Physiognomische Anpassungen von Laubblättern an Umweltbedingungen.* in: *Naturwissenschaftliche Rundschau.* Stuttgart 58.2005,11, S. 581–586, ISSN 0028-1050 (http://dispatch.opac.d-nb.de/DB=1.1/CMD?ACT=SRCHA&IKT=8&TRM=0028-1050)
- Ulrich Lüttge, Manfred Kluge, Gabriela Bauer: *Botanik. Ein grundlegendes Lehrbuch.* VCH, Weinheim 1989, ISBN 3-527-26119-2.
- Klaus Napp-Zinn: *Anatomie des Blattes.* T II. Blattanatomie der Angiospermen. B: Experimentelle und ökologische Anatomie des Angiospermenblattes. in: *Handbuch der Pflanzenanatomie.* Bd 8 Teil 2 B. Borntraeger, Stuttgart 1988 (2. Lieferung), ISBN 3-443-14015-7
- Schmeil, Fitschen: *Flora von Deutschland und angrenzender Länder.* Quelle & Meyer, Heidelberg/Wiesbaden [89]1993, ISBN 3-494-01210-5

- Eduard Strasburger (Begr.), Peter Sitte, Elmar Weiler, Joachim W. Kadereit, Andreas Bresinsky, Christian Körner: *Lehrbuch der Botanik für Hochschulen.* 35. Auflage. Spektrum Akademischer Verlag, Heidelberg 2002, ISBN 3-8274-1010-X.

Weblinks

- Aufbau eines typischen Laubblattes (http://www.zum.de/Faecher/Materialien/beck/12/bs12-3.htm)
- Blattquerschnitt (Übersicht) (http://www.rz.uni-karlsruhe.de/~botanik/anf-prakt/hel-bla.jpg)
- Blattformen und Blattstellungen (http://www.biologie.uni-hamburg.de/b-online/d02/02c.htm)
- Blatt-Bilder aus dem Bildarchiv der Universität Basel (http://131.152.161.2/FMPro?-DB=b.fp5&-Lay=L&-error=B/bfehler.htm&-op=bw&alles=&-op=bw&fam=&-op=bw&gattart=&-op=bw&legende=&-op=bw&herkunft=&-max=6&-format=b/bliste1.htm&-LOP=AND&-Find=Suchen&katmorph=Blätter)
- Blattnervatur-Bilder aus dem Bildarchiv der Universität Basel (http://131.152.161.2/FMPro?-DB=b.fp5&-Lay=L&-error=B/bfehler.htm&-op=bw&alles=&-op=bw&fam=&-op=bw&gattart=&-op=bw&legende=&-op=bw&herkunft=&-max=6&-format=b/bliste1.htm&-LOP=AND&-Find=Suchen&katmorph=Blattnervatur)
- spektrumdirekt: Der Ursprung der Blätter (http://www.wissenschaft-online.de/artikel/571520)
- Beispiele für fossile, pliozäne Blätter (http://www.geo-lieven.com/erdzeitalter//neogen/garzweiler/garzweiler.htm)

mrj:Ӹлӹштäш (ботаника)

Sprossachse

Die **Sprossachse** bezeichnet in der Botanik eines der drei Grundorgane des Kormophyten. Sie verbindet die der Ernährung dienenden anderen beiden Grundorgane Wurzel und Blatt miteinander in beiden Richtungen. Die Sprossachse trägt das Blätterdach und bewegt dieses möglichst günstig zu dessen Umweltbedingungen (siehe Pflanzenbewegung). Sie ist ein Organ, das sich im Zuge des Landgangs der Embryophyten entwickelt hat. Es dient der Stabilisierung, der Speicherung sowie als Transportorgan für die Wasser-, Nährstoff- und Assimilatleitung.

Aufbau

Hypokotyl und Epikotyl

Zwischen dem Wurzelansatz und den Keimblättern liegt das Hypocotyl. Dieser Abschnitt des Sprosses wird als erstes bei der Keimung gebildet. Zwischen den Keimblättern und dem Ansatz des ersten Folgeblattes liegt das Epikotyl.

Nodus und Internodium

Die Sprossachse ist an den Ansatzstellen der Blätter häufig etwas verdickt, deshalb nennt man diese Stelle Nodus (Knoten). Der Abschnitt zwischen zwei Nodi heißt dementsprechend Internodium. Diese Internodien sind bei der Keimpflanze zunächst noch gestaucht, wodurch die an den Nodien sitzenden Blätter dicht aufeinander sitzen. Die Streckung der Sprossachse erfolgt durch ein Streckungswachstum der Internodien (*interkalares Wachstum*).

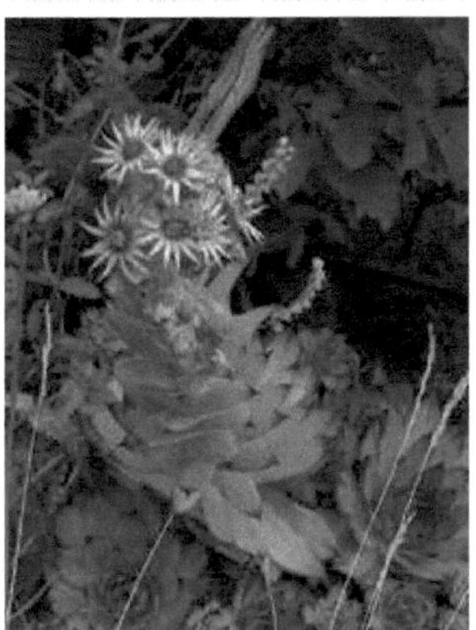

Die Internodien der Dachwurz (*Sempervivum tectorum*) beginnen sich erst bei der Blütenbildung zu einem Langtrieb zu strecken.

Kurztrieb/Langtrieb

Viele Pflanzenarten haben zwei unterschiedliche Typen von Trieben.
Eine Sprossachse mit vollständig gestreckten Internodien wird Langtrieb genannt, wohingegen ein Spross, der gestaucht bleibt, Kurztrieb genannt wird. Die beiden Begriffe sind korrelativ, das heißt, diese Aussage kann nur dann getroffen werden, wenn die jeweilige Pflanze beide Typen besitzt.

Das interkalare Bildungsgewebe, das vor allem an den Basen der Internodien liegt, stellt bei einem Langtrieb die Tätigkeit ein.

Bei vielen Laubbäumen (z. B. alle Obstbäume) tragen die Kurztriebe die Blüten und damit die Früchte. Daher werden sie auch *Fruchtholz* genannt. Bei den Lärchen und den Kiefern sitzen die Nadelblätter ebenfalls auf Kurztrieben.

Bei einigen Pflanzen (z. B. Breitwegerich) bleibt das Streckungswachstum der Internodien ganz aus, während es bei anderen (z. B. Dachwurz) erst mit der Blütenbildung beginnt.

Verzweigungen

Bei einigen Sporenpflanzen, wie beispielsweise einigen Moosen und Farnen tritt noch die ursprüngliche dichotome Verzweigung auf, bei der sich die Scheitelzellen eines Sprosses in zwei Gabelsprosse teilen. Bei Samenpflanzen entstehen Verzweigungen der Sprossachse dagegen fast ausschließlich durch das Austreiben der Seitenknospen. Ausnahmen bilden nur wenige, meist stark sukkulente Pflanzen wie beispielsweise in der Gattung *Mammillaria* (Cactaceae). In aller Regel erfolgen die Verzweigungen der Achsen axillär durch embryonales Gewebe in den Blattachsen (Blattachselmeristeme zwischen Blatt und Achse). Die verschiedenen Verzweigungsmuster lassen sich dabei auf zwei Grundtypen, die monopodiale und die sympodiale Verzweigung zurückführen.

Mehrfach dichotom verzweigte *Mammillaria parkinsonii*

Monopodiale Verzweigung

Bei dem Monopodium handelt es sich um eine Verzweigung mit durchgehender Achse. Dabei wird jährlich durch dasselbe, akroton geförderte Spitzenmeristem der vorjährige Triebabschnitt fortgesetzt und Seitenknospen und Seitentriebe unterdrückt (z. B. bei Fichten).

Sympodiale Verzweigung

Ein Sympodium ist ein Verzweigungstyp, bei dem das weitere Wachstum der Sprosse nicht von der Hauptachse sondern von subterminalen Seitenachsen fortgesetzt wird. Die endständige Knospe stirbt dabei ab und die Seitenknospen treiben aus. (z. B. bei Buchen und Linden).

Wenn das weitere Wachstum von zwei etwa gleich kräftigen Seitenachsen übernommen wird, spricht man von einem **Dichasium** (z. B. Flieder). Ein **Monochasium** liegt vor, wenn nur eine einzige Seitenachse das weitere Wachstum übernimmt (z. B. Linde). Diese richtet sich dabei fast immer in derselben Richtung aus wie die übergipfelte Hauptachse, erschöpft sich dann bald selbst und wird wiederum von einer weiteren Seitenachse übergipfelt. Ein solches Monochasium setzt sich also aus verschiedenen sukzessive miteinander verketteten Seitenachsen zusammen und ist auf den ersten Blick meist kaum von einem Spross mit durchlaufender Hauptachse unterscheidbar. Es entsteht dabei eine *Scheinachse.* Ein Monochasium ist an der Anordnung der Blätter zu erkennen. Da Seitenachsen immer aus der Achsel eines Blattes entspringen, stehen bei einem Monochasium die Blätter an der Scheinachse scheinbar den Blütenständen gegenüber (z. B. Weinrebe). Bei durchgehender Hauptachse wären dagegen die Blütenstände in den Achseln der Blätter zu finden.

Treiben vor allem die Knospen der oberen Sprossregion aus, ist dies ein akrotoner Wuchs, was zu einem baumförmigen Wuchs führt. Entstehen die Seitentriebe durch die Knospen der unteren Sprossregion, ist dies ein basitoner Wuchs und es ergibt sich ein buschförmiger Wuchs.

Vegetationskegel

Der Vegetationskegel (auch „Apex“) ist die Spitze des Sprosses, an dem sich das Längenwachstum vollzieht. Der Vegetationskegel ist in verschiedene Entwicklungszonen gegliedert:

Die Initialzellenzone/Bildungszone ist die äußerste Spitze des Kegels, an der neue Zellen entstehen. Diese Zone ist nur etwa 50 Mikrometer lang. Bei den Samenpflanzen ist dieses Gewebe das apikale Meristem, während es bei Schachtelhalmen und Farnen eine dreischneidige Scheitelzelle ist. Bei einigen hoch entwickelten Gymnospermen und bei den Angiospermen ist das Apikalmeristem in zwei Bereiche untergliedert: Tunika und Corpus. Der Corpus ist ein zentraler Gewebekomplex, der von den Zellschichten der Tunika mantelartig umgeben wird.

Hinter der Initialzellenzone/Bildungszone liegt die 50 bis 80 µm lange **Determinationszone**. Hier wird über die Differenzierung jeder Zelle entschieden, jedoch folgt die endgültige Ausdifferenzierung in der folgenden Differenzierungszone/Streckungszone. In der Determinationszone liegt bereits eine Gliederung des Vegetationskegels in einen zentralen Gewebekomplex (Corpus) und eine diesen umhüllende Tunika vor. Zwischen Corpus und Tunika bleibt ein Restmeristem erhalten. In der Streckungszone findet neben Streckungswachstum auch das primäre Dickenwachstum statt.[1]

Auf die Determinationszone folgt die Differenzierungszone, in der sich die Zellen vollkommen ausdifferenzieren. Die Vorstufen der Leitbündel werden hier von dem Restmeristem gebildet, das sich in dieser Zone zu einem Prokambium differenziert. Es bildet ein Protophloem nach außen und ein Protoxylem nach innen. Der Corpus differenziert sich zu parenchymatischem Mark und die Tunika zu Epidermis und Rinde. Die Tunika erzeugt auch die Blattanlagen.

Die Sprossachse trägt die Blätter und Blüten. Sie wächst dem Licht entgegen und kann, wie bei Sträuchern und Bäumen, hart und holzig werden. Im Innern der Sprossachse verlaufen Leitungsbahnen, die Leitbündel. Sie bestehen aus vielen sehr feinen Röhrchen und verbinden die Wurzel mit den oberirdischen Pflanzenteilen. Durch die Leitbündel werden Wasser, Zucker und Mineralstoffe von den Wurzeln in die Blätter und Blüten transportiert. Das

Wasser hält die Pflanzen straff.

Gewebe

Nach der Differenzierung der Zellen finden sich folgende Gewebetypen:

Abschlussgewebe

Die Epidermis ist die äußerste Schicht der primären Sprossachse. Sie kann wie beim Blatt Spaltöffnungen und eine Cuticula aufweisen. Die darunter liegende Schicht ist zunächst die primäre Rinde. Im Gegensatz zur Epidermis enthält sie meist Chloroplasten. Sofern ein sekundäres Dickenwachstum einsetzt, wird die primäre Rinde meist rasch durch ein sekundäres Abschlussgewebe, die Borke, ersetzt, weil die Rinde dem Dilatationswachstum nicht folgen kann. Die Borke enthält als Ersatz für die Spaltöffnungen meist charakteristische Lenticellen für den Gasaustausch. Die Borke wird von außerhalb des Kambiums liegenden und immer wieder neu angelegten Korkkambien ersetzt, wenn diese durch das Dickenwachstum zerreißen. Dabei entsteht eine für die einzelnen Arten charakteristische Borkenstruktur.

Festigungsgewebe

Dieses Gewebe besteht meistens aus langgestreckten Zellen mit verdickten Wänden. Man unterscheidet zwischen Sklerenchym und Kollenchym. Sklerenchym besteht aus toten Zellen und tritt meist als Schicht um ein Leitbündel auf. Sklerenchymzellen bilden verdickte Sekundärzellwände aus, diese sind oft durch Lignin verstärkt. Durch die Einlagerungen sterben die Zellen ab. Sie werden in zwei Gruppen eingeteilt:

- Isodiametrische Zellen (Steinzellen, z. B. in der Frucht der Birnen)
- Prosenchymatische Zellen (Sklerenchymfasern)

Kollenchym ist dagegen noch wachstums- und dehnungsfähiges, nicht verholztes Festigungsgewebe aus lebenden Zellen. Die lebenden Zellen des Kollenchyms sind meist reich an Chloroplasten, die Kanten beziehungsweise einzelnen Wände sind durch Cellulose- oder Pektinauflagerungen verstärkt.

Man unterscheidet drei verschiedene Arten von Kollenchym:

- Ecken-/Kantenkollenchym (Zellwandverdickungen in den Zellecken; an der Mittellamelle unverdickt)
- Plattenkollenchym (Verdickungen der tangentialen Zellwände)
- Lückenkollenchym

Grundgewebe

Die Grundgewebe bestehen vor allem aus Parenchym und dem Mark in der Mitte des Sprosses. Das Mark dient vor allem der Speicherung von Stoffen, kann jedoch bei einigen Pflanzen zerrissen sein, so dass eine Markhöhle entsteht.

Leitgewebe

Die zum Transport dienenden Gewebe sind zu Strängen, den Leitbündeln zusammengefasst. Leitbündel sind für den Ferntransport von Wasser, gelösten Stoffen, sowie organischen Substanzen (hauptsächlich Zucker) im Spross, im Blatt und in der Wurzel von höheren Pflanzen (Gefäßpflanzen) verantwortlich. Leitbündel bestehen aus dem Xylem, das heißt dem Holzteil mit Zellelementen für den Wassertransport (zum Beispiel Tracheen und Tracheiden) und dem Phloem, das heißt dem Bastteil, für den Transport der Assimilate mit Siebzellen, Siebröhren und Geleitzellen.

Es gibt verschiedene Leitbündeltypen: einfache Leitbündel bestehen nur aus einem Sieb- oder Holzteil. Zusammengesetzte Leitbündel haben Sieb- und Holzteil. Bei den konzentrischen Leitbündeln liegt der Siebteil um den Holzteil (oder umgekehrt). Der häufigste Typ ist das sogenannte kollaterale Leitbündel, bei dem der Siebteil außen und der Holzteil innen liegt. Bei offenen Leitbündeln (kommt bei dikotylen Pflanzen vor) tritt noch ein Kambium zwischen Xylem und Phloem hinzu. In Wurzeln sind die Leitbündel zu einem radiären Leitbündelsystem zusammengefasst, wo der Holzteil wie die Speichen eines Rades angeordnet ist – der Bastteil liegt zwischen den

Speichen.

Dickenwachstum

Das horizontale Wachstum wird bei Pflanzen *Dickenwachstum* genannt. Es kann ein primäres und ein sekundäres Dickenwachstum unterschieden werden. Das primäre Dickenwachstum geht alleine auf das Wachstum der bereits im jungen Spross vom apikalen Meristem (Bildungsgewebe) gebildeten Zellen zurück, während beim sekundären Dickenwachstum vom Kambium, welches zwischen Phloem und Xylem liegt, nach beiden Seiten zusätzliche Zellen abgegliedert werden, die in die Breite wachsen. Auch das im Phloem entstehende Korkkambium trägt zum sekundären Dickenwachstum bei; besonders auffällig ist dies z. B. bei der Korkeiche.

Drachenbäume sind eine Ausnahme für sekundäres Dickenwachstum bei Monocotylen.

Einkeimblättrige Pflanzen (Monokotyledonen) besitzen mit wenigen Ausnahmen (*Drachenbäume*, *Yucca* und *Keulenlilien*) kein sekundäres, sondern nur ein primäres Dickenwachstum. Deshalb zeigen Palmen nach oben keine Verjüngung.

Metamorphosen der Sprossachse

Wie Blatt und Wurzel ist auch die Sprossachse vielfach durch Metamorphosen abgewandelt, um entweder ihre ursprüngliche Funktion an bestimmte Umweltbedingungen angepasst zu erfüllen oder überhaupt andere Funktionen zu übernehmen.

Stolonen

Stolonen (Ausläufer, Kriechsprosse) dienen zur vegetativen Vermehrung. Sie sind oberirdisch oder unterirdisch kriechende, verlängerte Seitensprosse, die von der Stängelbasis, von der Blattrosette oder vom Wurzelhals ausgehen. Aus an Knoten gebildeten Achselknospen entstehen junge Pflänzchen, die zunächst noch von der Mutterpflanze versorgt werden, bis sie eigene Wurzeln und Blätter entwickelt haben. Anschließend sterben die Stolonen ab. Beispiele für Stolonen bildende Pflanzen sind Erdbeeren (*Fragaria*), Lilien wie *Lilium lankongense* und Hauswurzen wie *Sempervivum tectorum*. Es gibt fließende Übergänge zwischen Stolonen und Rhizome, wobei Stolonen mehr oberirdisch und Rhizome mehr unterirdisch vorkommen.

Wurzelnder Stolon der Zier-Erdbeere

Rhizome

Rhizom des Ingwer (*Zingiber officinale*)

Rhizome dienen zur vegetativen Vermehrung und zur Speicherung von Reservestoffen (z.B. Stärke und Inulin). Sie haben eine wurzelähnliche Gestalt, sind von echten Wurzeln aber durch die Anwesenheit von Nodien und (schuppig oder fadenartig) reduzierten Blättern unterscheidbar. Sterben bei krautigen Pflanzen die oberirdischen Sprossteile am Ende einer Vegetationsperiode ab, können sie sich zu Beginn der neuen Vegetationsperiode aus den Rhizomen regenerieren. Krautige Pflanzen mit Rhizome sind also häufig Geophyten. Beispiele für Rhizome bildende Pflanzen sind Buschwindröschen (*Anemone nemorosa*), Maiglöckchen (*Convallaria majalis*), Ingwer (*Zingiber officinale*) und Gräser wie die Strandhafer (*Ammophila*).

Sprossknollen

Austreibende Kartoffelknolle

Sprossknollen dienen ebenfalls zur Speicherung von Reservestoffen und teils auch zur vegetativen Vermehrung. Sie können oberirdisch oder halb bis vollständig unterirdisch angelegt sein. Beispiele für Sprossknollen bildende Pflanzen sind

- oberirdisch: Kohlrabi (*Brassica oleracea* var. *gongylodes*)
- halb unterirdisch: Knollensellerie (*Apium graveolens* var. *rapaceum*)
- unterirdisch: Kartoffel (*Solanum tuberosum*). Zu Beginn der neuen Vegetationsperiode regeneriert sich die Kartoffelpflanze aus den als „Augen" bezeichneten Seitenachsen der Knolle.

Sprossrüben

Sprossrübe des Garten-Rettichs (*Raphanus sativus*)

Sprossrüben dienen ebenfalls zur Speicherung von Reservestoffen. Einige Rüben werden zwar ausschließlich aus der Wurzel, andere jedoch auch anteilig aus dem Hypokotyl als Teil der Sprossachse gebildet. Beispiele für Sprossrüben bildende Pflanzen sind Rettiche (*Raphanus*) und Rote Rübe (*Beta vulgaris* ssp. *vulgaris* var. *conditiva*).

Wasserspeicher (Sukkulenz)

Stammsukkulente Kakteen

Stammsukkulenten Pflanzen dient der Spross als Wasserspeicher zur Überbrückung einer trockenen Vegetationsruhe. Durch die Anlage wasserspeichernden Gewebes bekommen die Pflanzen ein fleischiges Aussehen. Viele stammsukkulente Pflanzen nähern sich der Kugelgestalt, da dies ein größtmögliches Volumen bei kleinstmöglicher Oberfläche und somit den geringstmöglichen Wasserverlust durch Verdunstung bedeutet. Häufig sind die Blätter stark reduziert, zu Dornen umgestaltet oder fehlen ganz, so dass die Photosynthese in den Rindenzelle der Sprossachse stattfindet. Dies geschieht häufig nach dem CAM-Mechanismus. Beispiele für Pflanzen mit Stammsukkulenz sind Kakteen (Cactaceae), Didiereaceae, Fouquieriaceae und viele Wolfsmilch-Arten (*Euphorbia*).

Blattersatz, Flachsprosse

Phyllokladien des Stechenden Mäusedorns (*Ruscus aculeatus*)

Die in den Rindenzellen der Sprossachse stattfindende Photosynthese dient Pflanzen mit stark reduzierten oder fehlenden Blättern als Blattersatz. Dieses ist häufig bei sukkulenten Pflanzen der Fall, jedoch nicht zwangsläufig mit Sukkulenz verbunden. Neben grünen zylindrischen oder mehr oder weniger kantigen Sprossen werden auch grüne Flachsprosse ausgebildet. Platykladien, flächig verbreiterte Langtriebe (Hauptsprosse), ähneln normalen Sprossen und sind lediglich abgeflacht. Phyllokladien, flächig verbreiterte Kurztriebe (Nebensprosse), sehen gefiederten Blättern jedoch oft täuschend ähnlich. Beispiele für Platykladien bildende Pflanzen sind *Homalocladium platycladium* und viele Kakteen der Gattungen *Disocactus*, *Schlumbergera* und *Opuntia*. Beispiele für Phyllokladien bildende Pflanzen sind Spargel (*Asparagus*), *Phyllocladus* und Mäusedorn (*Ruscus*).

Sprossranken

Sprossranken der *Passiflora suberosa*

Sprossranken dienen einigen Kletterpflanzen zur Verankerung an Untergründen wie Felsen und Begleitvegetation. Die berührungsempfindlichen Ranken vollführen Suchbewegungen und winden sich dann ganz oder teilweise um den gefundenen Gegenstand (Pflanzenbewegung). Beispiele für Sprossranken bildende Pflanzen sind Passionsblumen (*Passiflora*) und Weinreben (*Vitis*).

Klimmsprosse

Die Klimmsprosse der Spreizklimmer dienen ebenfalls zur Verankerung am Untergrund. Häufig sind die Sprosse an den Nodien so abgewinkelt, dass ein deutlich Zick-zack-förmiger Wuchs entsteht, der ein Verhaken auf Felsen und Begleitvegetation ermöglicht. Häufig sind auch Dornen oder Stacheln ausgebildet, mit denen sich die Sprosse verhaken und fixieren können. Beispiele für Klimmsprosse bildende Pflanzen sind Brombeeren (*Rubus fruticosus* agg.), Rosen (*Rosa*), Winter-Jasmin (*Jasminum nudiflorum*) und Gewürzvanille (*Vanilla planifolia*).

Dornige, zick-zackförmige Klimmsprosse der *Decaria madagascariensis*

Sprossdornen

Sprossdornen dienen zur Abwehr von Pflanzenfressern sowie bei spreizklimmenden Kletterpflanzen zur Verbesserung der Kletterstrategie durch Festhaken. Die Dornen werden aus den spitz zulaufenden, verholzten Enden der Seitensprossen gebildet. Beispiele für Sprossdornen bildende Pflanzen sind Schlehe (*Prunus spinosa*), Weißdorn (*Crataegus*) und *Bougainvillea*.

Sprossdornen des Eingriffeligen Weißdorns (*Crataegus monogyna*)

Sprossbürtige Haustorien

Haustorien dienen parasitischen Pflanzen zum Entzug von Nährstoffen und Wasser aus ihren Wirten. Bei den meisten Parasiten stellen die Haustorien umgewandelte Wurzeln, bei einigen jedoch umgewandelte Sprosse dar. Beispiele für Pflanzen, die sprossbürtige Haustorien bilden, sind die Arten der Seide (*Cuscuta*).

Cuscuta pentagona mit sprossbürtigen Haustorien

Beisprosse

Die Seitensprosse, die sich ein gemeinsames Tragblatt teilen, werden *Beisprosse* oder *akzessorische Sprosse* genannt. Sie entstehen durch Fraktionierung des Achselmeristems und können je nach Anordnung in seriale Beisprosse (übereinander angeordnet) und kollaterale Beisprosse (nebeneinander angeordnet) untergliedert werden.

Literatur

- U. Lüttge, G. Kluge, G. Bauer: *Botanik. Ein grundlegendes Lehrbuch.* 1. Aufl., 1. korrigierter Nachdr. VCH, Weinheim 1989, ISBN 3-527-26119-2.
- N. Campbell u. a.: *Biologie.* 1. Aufl., 1. korrigierter Nachdr., Spektrum, Heidelberg 1997, ISBN 3-8274-0032-5.
- P. Sitte, E. W. Weiler, J. W. Kadereit, A. Bresinsky, ; C. Körner: *Strasburger. Lehrbuch der Botanik für Hochschulen.* 34. Aufl. Spektrum, Heidelberg 1999, ISBN 3-8274-0779-6.
- U. Kull: *Grundriss der Allgemeinen Botanik.* 2. Auflage, Nachdruck. (2. Januar 2006). ISBN 978-3-510-65218-1.

Einzelnachweise

[1] U. Lüttge, M. Kluge, G. Bauer: *Botanik.* 4. Auflage. Wiley, 2002, S. 386

Chamaephyt

Chamaephyten sind nach dem System der Lebensformen nach Raunkiær (gr. *chamaí* = auf der Erde (befindlich)) ausdauernde Pflanzen, deren Überdauerungsorgane (Erneuerungsknospen) sich unterhalb der mittleren Schneehöhe von 25 cm befinden und damit im Schutz einer Schneedecke überwintern bzw. sonstige hygrische oder thermische Ungunstabschnitte im Jahresverlauf überdauern.

Zu ihnen gehören:

- Halb- und Zwergsträucher (z. B. Heidelbeere),
- ausdauernde Polsterpflanzen und kriechende ausdauernde krautige Pflanzen und
- einige Moose.

Wegerichgewächse

Wegerichgewächse	
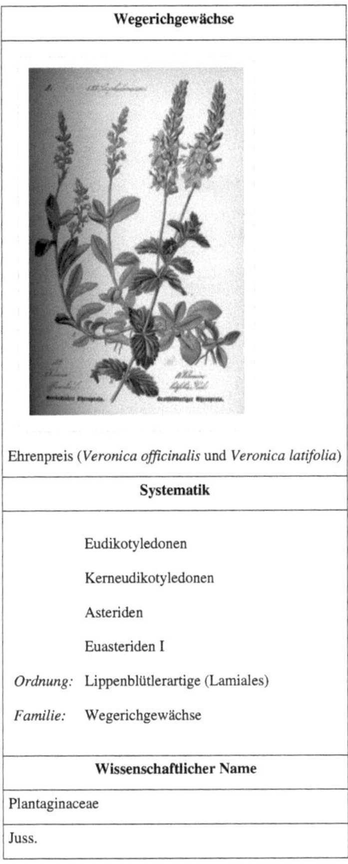 Ehrenpreis (*Veronica officinalis* und *Veronica latifolia*)	
Systematik	
	Eudikotyledonen
	Kerneudikotyledonen
	Asteriden
	Euasteriden I
Ordnung:	Lippenblütlerartige (Lamiales)
Familie:	Wegerichgewächse
Wissenschaftlicher Name	
Plantaginaceae	
Juss.	

Die **Wegerichgewächse** (Plantaginaceae), manchmal auch als **Ehrenpreisgewächse** (Veronicaceae) bezeichnet, sind eine Familie der Bedecktsamigen Pflanzen (Magnoliopsida). Sie sind weltweit in allen Klimazonen vertreten.

Beschreibung

Die Familie ist morphologisch sehr heterogen zusammengesetzt.

Vegetative Merkmale

Es sind meist einjährige oder ausdauernde krautige Pflanzen, selten sind es Sträucher (*Veronica* subg. *Hebe*, *Aragoa*). Einige Gattungen sind Wasserpflanzen (*Hippuris*, *Callitriche*). Parasiten oder Halbparasiten fehlen in dieser Familie.

Haare (Trichome) sind meist einfach, häufig drüsig, manchmal auch sternförmig. Das Fehlen vertikaler Gliederung in den Haaren wird als gemeinsames abgeleitetes Merkmal der Familie angesehen (Synapomorphie). Die Laubblätter stehen gegenständig, wechselständig oder schraubig, selten wirtelig. Bei den meisten Arten sind die Blätter einfach, seltener zusammengesetzt; ganz bis fiederspaltig. Die Nervatur ist fiederig, bei *Plantago* jedoch vorwiegend parallel. Nebenblätter fehlen.

Generative Merkmale

Die Blütenstände sind sehr vielfältig und umfassen sowohl offene wie geschlossene Blütenstände; bei manchen Arten stehen die Blüten einzeln.

Die Blüte sind gewöhnlich zwittrig und zygomorph. Einige Gattungen besitzen radiärsymmetrische Blüten (etwa *Bacopa*, *Sibthorpia*), bei anderen sind die Blüten reduziert (*Callitriche*). Als Ausnahmen sind *Hippuris*-Arten einhäusig getrenntgeschlechtig (monözisch), und einige Arten von *Plantago* und *Veronica* subg. *Hebe* sind zweihäusig getrenntgeschlechtig (diözisch) oder gynodiözisch.

Blütendiagramm von *Plantago major*.

Blütendiagramm von *Veronica*.

Es gibt meist fünf, manchmal vier Kelchblätter, die frei bis verwachsen sind. Es gibt meist fünf verwachsene Kronblätter, manchmal aufgrund der Verschmelzen der zwei oberen Kronlappen nur vier. Die Verschmelzung kann weitergehen zu nur zwei Lappen (*Lagotis*). *Sibthorpia* hingegen hat auch Kronlappen. Die Kronröhre kann entweder unauffällig sein oder sehr lang im Vergleich zu den Kronlappen. In einigen *Veronica*-Arten, die früher zu *Besseya* gestellt wurden, fehlt die Krone völlig. Die Blüten können bis mehrere Zentimeter groß werden und können durch Wind, Bienen, Fliegen oder Vögel bestäubt werden. Manche Blüten besitzen einen Nektar-Sporn, bei anderen verdeckt eine Ausstülpung der Unterlippe den Eingang (Maskenblume). Bei anderen ist der Eingang durch Haare verstellt. Eine Nektarscheibe ist bei den meisten Gattungen vorhanden.

Das Androeceum bildet sich früh im Vergleich zur Kronröhre. Dies ist möglicherweise eine weitere Synapomorphie. Meist sind vier Staubblätter vorhanden, selten nur zwei oder eines (*Hippuris, Callitriche*). Ein fünftes Staubblatt ist manchmal reduziert als Staminodium vorhanden. Die Staubfäden sind mit der Kronröhre verbunden (adnat). Die Antheren sind pfeilförmig, da die Pollensäcke unten auseinanderweichen. Der Pollen ist in der Regel tricolpat bis tricolporat und besitzt eine reticulate Exine.

Das Gynoeceum besteht aus zwei verwachsenen Fruchtblättern. *Plantago* subg. *Littorella* besitzt nur ein Fruchtblatt. Der Fruchtknoten ist oberständig und zeichnet sich durch zentralwinkelständige Plazentation mit großen, nicht unterteilten Plazenten aus. Die Samenanlagen sind zahlreich, seltener ist die Zahl bis auf eine pro Fach reduziert wie zum Beispiel bei *Lagotis*. Die Samenanlagen sind anatrop bis hemitrop, besitzen ein Integument und ein dünnwandiges Megasporangium. Es gibt einen Griffel mit einer zweilappigen oder kopfigen Narbe.

Die Kapselfrüchte sind meist septizid oder lokulizid, seltener porizid oder circumscissil und beinhalten einen bis viele Samen. Die eiförmig Samen können geflügelt sein. Bei geflügelten Samen sind die Innenwände der Exotesta-Zellen verdickt.

Die Chromosomengrundzahl variiert zwischen x = 6 und x = 11.

Inhaltsstoffe

Die sekundären Inhaltsstoffe sind vielfältig. Vorherrschend sind Iridoide. In manchen Gruppen fehlen sie und sind dann oft durch verschiedene Glykoside ersetzt (etwa bei Gratioleae, *Sibthorpia, Ellisiophyllum, Digitalis*). Die Antirrhineae sowie *Monttea* besitzen Antirrhinosid. *Bacopa, Gratiola* und *Stemodia* enthalten Di- und Triterpen-Glukoside. Die meisten Gattungen bilden im Zellkern amorphe oder globuläre Proteinkörper.

Systematik

Von den mitteleuropäischen Gattungen werden traditionell nur Wegeriche (*Plantago*) und Strandling (*Littorella*) zu den Wegerichgewächsen gestellt. Der größte Teil der Gattungen und Arten wurde früher zu den Braunwurzgewächsen (Scrophulariaceae) gerechnet.

Neuere phylogenetische Untersuchungen mit molekularbiologischen Methoden haben aber zu einer Aufteilung der letzteren Familie und zu einer beträchtlichen Erweiterung der Wegerichgewächse geführt [1] . Die Familie umfasst 92 Gattungen in zwölf Tribus, die zusammen rund 2000 Arten umfassen. Die Gliederung folgt Albach et al. 2005. Der nomenklatorisch korrekte Name der Familie gemäß dem ICBN ist Plantaginaceae, 2008 wurde jedoch vorgeschlagen, stattdessen Veronicaceae als Nomen conservandum zu definieren, um die Familie im weiten Umfang wie hier beschrieben deutlich von den Plantaginaceae im engen Sinn, wie sie bis 1998 bestanden und wie sie von manchen Autoren, die die Plantaginaceae im hier dargestellten Umfang in mehrere Familien aufteilen, umschrieben werden, unterscheiden zu können. [2]

Die zwölf Tribus der Plantaginaceae mit den enthaltenen Gattungen [3] :

- Tribus Angelonieae Pennell

: Mit etwa sechs Gattungen:

- *Angelonia* Humb. & Bonpl.
- *Basistemon* Turcz.
- *Melosperma* Benth.
- *Monopera* Barringer
- *Monttea* Gay
- *Ourisia* Comm. ex Juss.: Mit etwa 26 bis 30 Arten.

- Tribus Antirrhineae Dum.: Mit etwa 29 Gattungen:

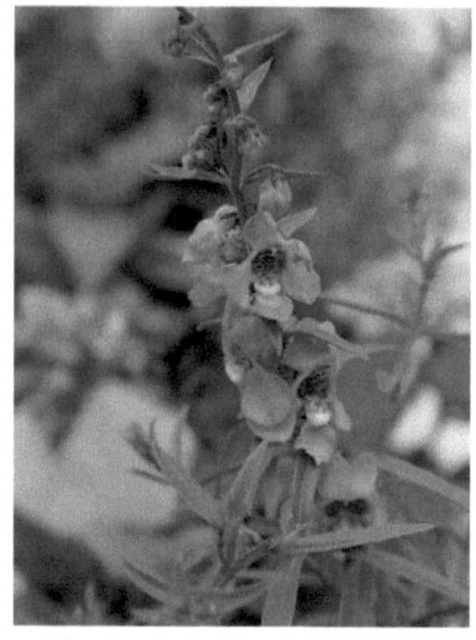

Tribus Angelonieae: *Angelonia angustifolia*

- *Acanthorrhinum* Rothm.
- *Albraunia* Speta
- *Anarrhinum* Desf.
- Löwenmäuler (*Antirrhinum* L.): Mit 20 bis 30 Arten
- Gloxinienwinden (*Asarina* Mill.)
- Klaffmund (*Chaenorrhinum* (DC.) Rchb.)
- Zimbelkräuter (*Cymbalaria* Hill)
- *Ephixiphium* (Engelm. ex A. Gray) Munz
- *Galvezia* Dombey ex Juss.
- *Gambelia* Nutt.
- *Holmgrenanthe* Elisens
- *Holzneria* Speta

Tribus Antirrhineae: Alpen-Leinkraut (*Linaria alpina*).

- *Howelliella* Rothm.
- Tännelkräuter (*Kickxia* Dum.)
- *Lafuentea* Lag.
- Leinkräuter (*Linaria* Mill.): Mit etwa 150 Arten
- *Lophospermum* D.Don
- *Mabrya* Elisens
- *Maurandella* (A.Gray) Rothm.
- *Maurandya* Ortega
- *Misopates* Raf.
- *Mohavea* A.Gray
- *Neogaerrhinum* Rothm.
- *Nuthallanthus* D.A.Sutton
- *Pseudorontium* (A.Gray) Rothm.
- *Rhodochiton* Zucc. ex Otto & A. Dietr.
- *Sairocarpus* D.A.Sutton
- *Schweinfurthia* L.

- Tribus Callitricheae Dum.: Mit zwei Gattungen und bis zu 41 Arten:

- Wassersterne (*Callitriche* L.): Mit etwa 25 bis 40 Arten
- *Hippuris* L.: Mit der einzigen Art:
  - Tannenwedel (*Hippuris vulgaris* L.)
- Tribus Cheloneae Benth.: Mit neun Gattungen:

Tribus Callitricheae: Tannenwedel (*Hippuris vulgaris*)

- *Brookea* Benth.
- Schildblumen (*Chelone* L.), auch Schlangenkopf genannt
- *Chionophila* Benth.
- *Collinsia* Nutt.
- *Keckiella* Straw
- *Nothochelone* (A.Gray) Straw: Es ist eine monotypische Gattung mit der einzigen Art:
  - *Nothochelone nemorosa* (Douglas ex Lindl.) Straw
- Bartfaden (*Penstemon* Schmidel): Inklusive *Pennellianthus* Crosswh..
- *Tonella* Nutt. ex A.Gray
- *Uroskinnera* Lindl.

Tribus Cheloneae: *Penstemon triflorus*

- Tribus Digitalideae Dum.: Mit drei Gattungen:
  - Fingerhüte (*Digitalis* L.) : Mit etwa 18 Arten.
  - Alpenbalsam (*Erinus* L.): Mit etwa zwei Arten.
  - *Isoplexis* (Lindl.) Loudon (manchmal in*Digitalis*): Mit etwa zwei bis drei Arten.
- Tribus Globularieae Rchb.: Mit drei Gattungen:

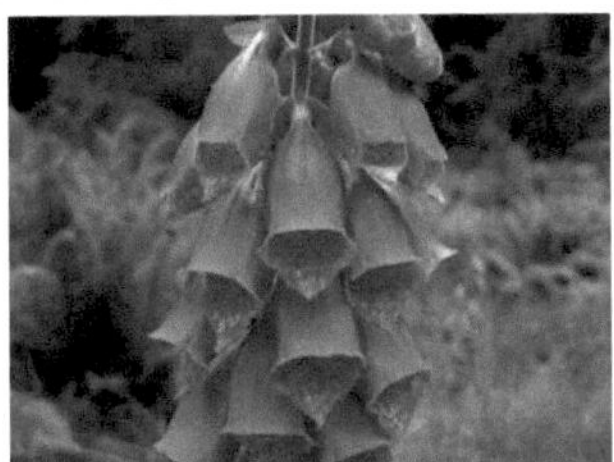

Tribus Digitalideae: Roter Fingerhut (*Digitalis purpurea*).

* *Campylanthus* Roth
* Kugelblumen (*Globularia* L.): Mit etwa 20 bis 25 Arten.
* *Poskea* Vatke

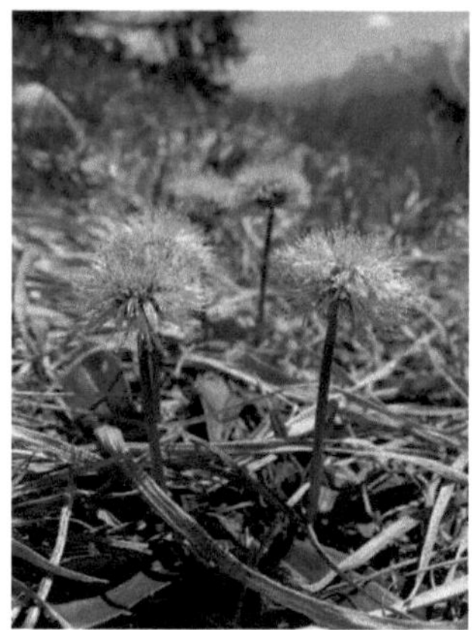
Tribus Globularieae: Nacktstängelige Kugelblume (*Globularia nudicaulis*).

- Tribus Gratioleae Benth. [4] :
  * *Achetaria* Cham. & Schltdl.
  * *Adenosma* R.Br.
  * Fettblätter (*Bacopa* Aubl.): Inklusive *Brami* Adans., *Bramia* Lam., *Herpestis* Gaertn., *Hydranthelium* Kunth, *Macuillamia* Raf., *Moniera* P.Browne, *Monocardia* Pennell, *Sinobacopa* D.Y.Hong mit etwa 60 Arten.
  * *Benjaminia* Mart. ex Benj.: Es ist eine monotypische Gattung mit der einzigen Art:
    * *Benjaminia reflexa" (Benth.) D'Arcy*
  * *Boelckea* Rossow: Es ist eine monotypische Gattung mit der einzigen Art:
    * *Boelckea beckii* Rossow: Die Heimat ist Bolivien.
  * *Braunblanquetia* Eskuche: Es ist eine monotypische Gattung mit der einzigen Art:
    * *Braunblanquetia littoralis* Eskuche
  * *Capraria* L.
  * *Cheilophyllum* Pennell ex Britton
  * *Conobea* Aubl.
  * *Darcya* B.L.Turner & C.C.Cowan
  * *Deinostema* T.Yamaz.
  * *Dizygostemon* (Benth.) Radlk. ex Wettst.
  * *Dodartia*
  * *Dopatrium* Buch.-Ham. ex Benth.
  * *Fonkia* Phil.
  * *Geochorda* Cham. & Schltdl.: Es ist eine monotypische Gattung.
  * Gnadenkräuter (*Gratiola* L.): Inklusive *Amphianthus* Torr., *Sophronanthe* Benth., *Tragiola* Small & Pennell mit etwa 25 Arten.
  * *Hydrotriche* Zucc.

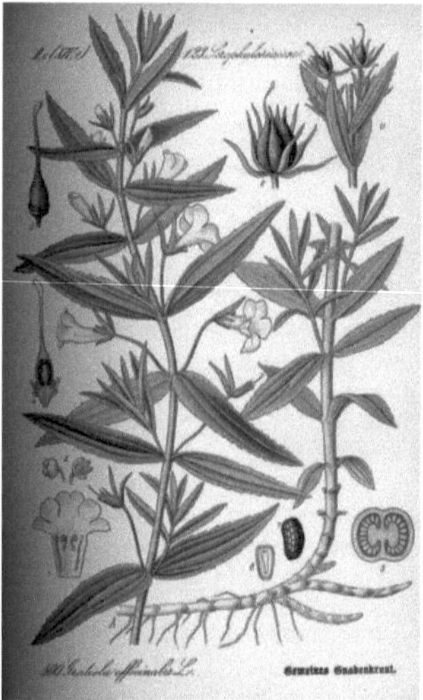
Tribus Gratioleae: Gottes-Gnadenkraut (*Gratiola officinalis*).

- *Ildefonsia* Gardner: Es ist eine monotypische Gattung mit der einzigen Art:
  - *Ildefonsia bibracteata* Gardner
- *Leucospora* Nutt.
- *Limnophila* R.Br.
- *Maeviella* Rossow: Es ist eine monotypische Gattung mit der einzigen Art:
  - *Maeviella cochlearia* (Huber) Rossow
- *Mecardonia* Ruiz & Pav.
- *Otacanthus* Lindl.
- *Philcoxia* P.Taylor & V.C.Souza [5]
- *Schistophragma* Benth. ex Endl.
- *Schizosepala* G.M.Barroso: Es ist eine monotypische Gattung mit der einzigen Art:
  - *Schizosepala glandulosa* G.M.Barroso: Sie ist im Mato Grosso in Brasilien beheimatet.
- *Scoparia* L.
- *Stemodia* L.: Inklusive *Chodaphyton* Minod, *Lendneria* Minod, *Morgania* R.Br., *Poarium* Desv. ex Ham..
- *Tetraulacium* Turcz.: Es ist eine monotypische Gattung mit der einzigen Art:
  - *Tetraulacium veroniciforme* Turcz.

- Tribus Hemiphragmeae Wall.: Mit nur einer Gattung:
  - *Hemiphragma* Wall.: Es ist eine monotypische Gattung.
- Tribus Plantagineae Dum.: Mit zwei bis drei Gattungen:
  - *Aragoa* Kunth
  - *Littorella* P.J.Bergius: Mit etwa drei Arten, beispiels weise Strandling, manchmal in *Plantago*.
  - Wegeriche (*Plantago* L.): Mit etwa 275 Arten; manchmal inklusive *Littorella*.
- Tribus Russelieae Pennell: Mit zwei Gattungen:

Tribus Plantagineae: Breitwegerich (*Plantago major*).

- *Russelia* Jacq.: Mit etwa 52 Arten in der Neotropis.
- *Tetranema* Benth.
- Tribus Sibthorpieae Benth.: Mit zwei Gattungen:
  - *Ellisiphyllum* Maxim.: Es ist eine monotypische Gattung.
  - *Sibthorpia* L.: Mit etwa fünf Arten.
- Tribus Veroniceae Duby: Mit etwa 9 bis 16 Gattungen:

Tribus Russeliae: *Russelia equisetiformis*

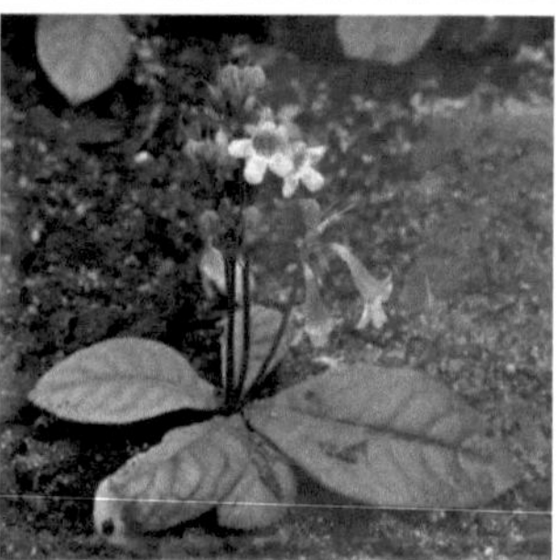

Tribus Russelieae: *Tetranema roseum*

  - *Kashmiria* D.Y.Hong
  - *Lagotis* Gaertn.
  - Mänderle (*Paederota* L.): Mit nur zwei Arten.
  - *Picrorhiza* Royle ex Benth.
  - *Scrofella* Maxim.
  - Ehrenpreis (*Veronica* L.), inklusive *Hebe* Comm. ex Juss. und *Pseudolysimachion*; mit etwa 450 Arten [6]
  - *Veronicastrum* Heist. ex Fabr.
  - Wulfenien (*Wulfenia* Jacq.)
  - *Wulfenopsis* D.Y.Hong

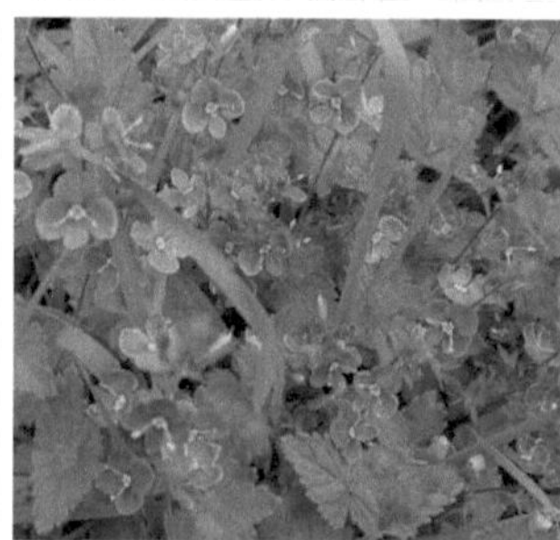

Tribus Veroniceae: Gamander-Ehrenpreis (*Veronica chamaedrys*).

Die Taxa der früheren Familien: Antirrhinaceae, Aragoaceae, Callitrichaceae, Chelonaceae, Digitalidaceae, Ellisophyllaceae, Erinaceae, Linariaceae, Littorellaceae, Oxycladaceae, Psylliaceae, Scopariaceae, Sibthorpiaceae, Trapellaceae, Veronicaceae gehören heute zu dieser Familie.

Quellen

- Die Familie Plantaginaceae [7] bei der APWebsite. [8] (Abschnitt Systematik und Beschreibung)
- D. C. Albach, H. M. Meudt, B. Oxelman: *Piecing together the "new" Plantaginaceae*. American Journal of Botany, Band 92, S. 297–315, 2005, Volltext [9].
- David C. Tank, Paul M. Beardsley, Scot A. Kelchner & Richard G. Olmstead: *L. A. S. JOHNSON REVIEW No. 7, Review of the systematics of Scrophulariaceae s.l. and their current disposition*, In: *Australian Systematic Botany*, 19, S. 289–307. (dort Veronicaceae = Plantaginaceae im hier dargestellten Umfang)

Einzelnachweise

[1] Richard G. Olmstead u. a.: *Disintegration of the Scrophulariaceae*. In: *American Journal of Botany* 88, 2001, S. 348–361, Volltext (http://www.amjbot.org/cgi/content/full/88/2/348).

[2] James L. Reveal, Richard Olmstead, Walter S. Judd: *Proposals to conserve the name* Veronciaceae (Magnoliophytina), *and to conserve it against* Plantaginaceae, *a "superconservation" proposal*, In: *Taxon*, Band 57, 2008, S. 643-644.

[3] Eintrag bei GRIN. (http://www.ars-grin.gov/cgi-bin/npgs/html/family.pl?888)

[4] Dwayne Estes & Randall L. Small: Mit etwa 16 bis 40 Gattungen und etwa 320 Arten. Sie kommen fast weltweit vor, mit einem Schwerpunkt in der Neotropis und angrenzenden gemäßigten Gebieten. *Phylogenetic Relationships of the Monotypic Genus Amphianthus (Plantaginaceae Tribe Gratioleae) Inferred from Chloroplast DNA Sequences*, In: *Systematic Botany*, Volume 33, Issue 1, 2008, S. 176-182. doi: 0.1600/036364408783887375 (http://dx.doi.org/0.1600/036364408783887375)

[5] P. W. Fritsch, F. Almeda, A. B. Martins, B. C. Cruz & D. Estes: *Rediscovery and Phylogenetic Placement of Philcoxia minensis (Plantaginaceae), with a Test of Carnivory.*, In: *Proceedings of the California Academy of Science*, 58, 2007, S. 447–467 ISSN 0068-547x (http://dispatch.opac.d-nb.de/DB=1.1/CMD?ACT=SRCHA&IKT=8&TRM=0068-547x).

[6] D. C. Albach, & Heidi M. Meudt: *Phylogeny of Veronica in the Southern and Northern Hemispheres based on plastid, nuclear ribosomal and nuclear low-copy DNA.*, In: *Molecular Phylogenetics and Evolution*, 54, 2010, S. 457-471.

[7] http://www.mobot.org/MOBOT/Research/APweb/orders/lamialesweb.htm#Plantaginaceae

[8] http://www.mobot.org/MOBOT/Research/APweb/welcome.html

[9] http://www.amjbot.org/cgi/content/abstract/92/2/297

Weblinks

- Die Familie Plantaginaceae (http://delta-intkey.com/angio/www/plantagi.htm) bei DELTA. (http://delta-intkey.com) (engl.)

Löwenmäuler

Löwenmäuler	
 *Antirrhinum coulterianum*	
Systematik	
	Asteriden
	Euasteriden I
Ordnung:	Lippenblütlerartige (Lamiales)
Familie:	Wegerichgewächse (Plantaginaceae)
Tribus:	Antirrhineae
Gattung:	Löwenmäuler
Wissenschaftlicher Name	
Antirrhinum	
L.	

Die **Löwenmäuler** oder **Löwenmäulchen** (*Antirrhinum*) sind eine Pflanzengattung, die heute auf Grund molekularbiologischer Daten in die Familie der Wegerichgewächse (Plantaginaceae) eingeordnet wird.[1] Traditionell wurde sie in die Familie der Braunwurzgewächse (Scrophulariaceae) gestellt. Die Gattung hat ein disjunktes Verbreitungsgebiet und kommt mit 21 Arten im westlichen Mittelmeerraum und mit 15 Arten im Westen Nordamerikas vor. Mehrere Arten der Löwenmäuler sind als Zierpflanzen beliebt und das Große Löwenmaul (*Antirrhinum majus*) ist eine wichtige Modellpflanze für die Erforschung der Blütenentwicklung.

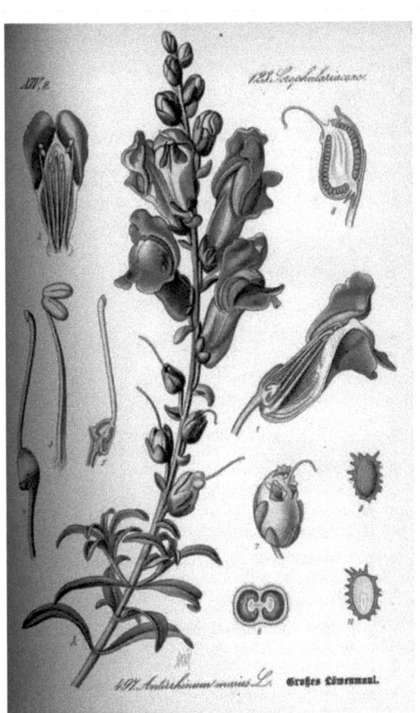
Großes Löwenmaul (*Antirrhinum majus*)

Merkmale

Löwenmaul-Arten sind ausdauernde oder einjährige krautige Pflanzen. Der Wuchs variiert stark und umfasst weitgehend unverzweigte, stark verzweigte und windende Arten. Bei den meisten amerikanischen Arten sind kurze Klettertriebe ausgebildet. Alle Arten weisen ein stark entwickeltes Wurzelgeflecht als Anpassung an trockene Standorte auf. Von den gegenständig angeordneten, während die höher am Blütenstand sitzenden meist sitzend und wechselständig angeordneten Laubblätter sind die unteren gestielt. Die einfache Blattspreite ist fiedernervig.

Die Blüten stehen einzeln oder in endständigen, traubigen Blütenständen zusammen. Die zwittrigen, zygomorphen Blüten außer bei *Antirrhinum ovatum*, als auffällige Maskenblumen ausgebildet, die durch die gaumenartig ausgebuchtete untere Lippe verschlossen werden. Der Nektar wird von einem ringförmigen Nektarium an der Basis des Fruchtknotens abgegeben und sammelt sich in einer sackartige Ausbuchtung an der Unterseite der Unterlippe. Die drei Spitzen der Unterlippe sind ungleich groß und können ebenso wie die zwei Spitzen der Oberlippe verschieden abgewinkelt oder gebogen sein. Zur Bestäubung muss ein entsprechend kräftiges Fluginsekt die Unterlippe nach unten drücken, um an Nektar und Pollen zu gelangen.

Von den ungleichseitigen, poriziden Kapselfrüchte öffnet sich die untere, größere Kammer mit zwei apikalen Poren, während die obere meist nur eine Pore aufweist.

Systematik

Die Gattung *Antirrhinum* in drei Sektionen gegliedert mit insgesamt etwa 40 Arten:

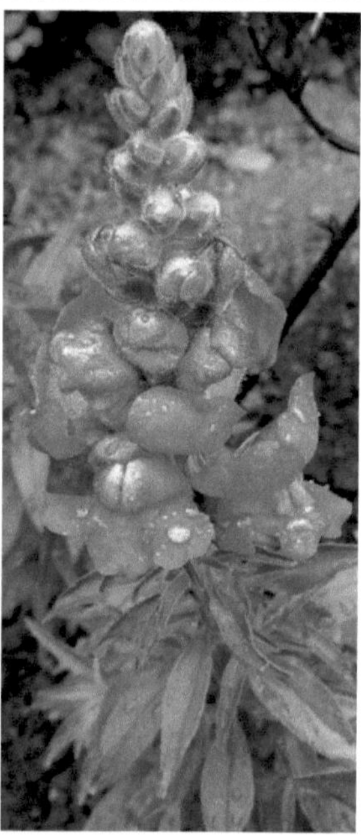
Großes Löwenmaul (*Antirrhinum majus*)

- Die Sektion *Antirrhinum* enthält etwa 20[2] ausdauernde Arten im westlichen Mittelmeerraum mit relativ großen Blüten und einer Chromosomenzahl von n=8. Die meisten Arten sind Endemiten mit einem begrenzten Verbreitungsgebiet auf der Iberischen Halbinsel:
  - *Antirrhinum australe* Rothm.
  - *Antirrhinum barrelieri* Boreau
  - *Antirrhinum boissieri* Rothm.
  - *Antirrhinum braun-blanquetii* Rothm.
  - *Antirrhinum charidemi* Lange
  - *Antirrhinum graniticum* Rothm.
  - *Antirrhinum grosii* Font Quer
  - *Antirrhinum hispanicum* Chav.
  - *Antirrhinum latifolium* Mill.
  - *Antirrhinum lopesianum* Rothm.
  - Großes Löwenmaul (*Antirrhinum majus* L.)
  - *Antirrhinum meonanthum* Hoffmanns. & Link
  - *Antirrhinum microphyllum* Rothm.
  - *Antirrhinum molle* L.
  - *Antirrhinum pertegasii* Rothm.
  - *Antirrhinum pulverulentum* Lázaro Ibiza
  - *Antirrhinum rupestre* Boiss. & Reut.
  - *Antirrhinum sempervirens* Lapeyr.
  - *Antirrhinum siculum* Mill.
  - *Antirrhinum valentinum* Font Quer
- Die Sektion *Orontium* umfasst zwei[3] im Mittelmeerraum vorkommende, kleinblütige und einjährige Arten mit einer Chromosomenzahl von n=8:
  - *Antirrhinum calycinum* Lam.
  - Acker-Löwenmaul (*Antirrhinum orontium* L.)

Acker-Löwenmaul (*Antirrhinum orontium*)

- Die Sektion *Saerorhinum* umfasst etwa 15[3] kleinblütige, einjährige Arten mit tetraploidem Chromosomensatz mit n=(13-)15-16, die im westlichen Nordamerika vorkommen:
  - *Antirrhinum cornutum* Benth.
  - *Antirrhinum costatum* Wiggins
  - *Antirrhinum coulterianum* Benth.
  - *Antirrhinum cyathiferum* Benth.
  - *Antirrhinum filipes* A.Gray
  - *Antirrhinum kelloggii* Greene
  - *Antirrhinum kingii* S.Watson
  - *Antirrhinum leptaleum* A.Gray
  - *Antirrhinum multiflorum* Pennell
  - *Antirrhinum nuttallianum* Benth.

- *Antirrhinum ovatum* Eastw.
- *Antirrhinum subcordatum* A.Gray
- *Antirrhinum vexillo-calyculatum* Kellogg
- *Antirrhinum virga* A.Gray
- *Antirrhinum watsonii* Vasey & Rose

Quellen

- David M. Thompson: *Systematics of Antirrhinum (Scrophulariaceae) in the New World.* In: *Systematic Botany Monographs.* 22, 1988, S. 1-142.
- Ryan K. Oyama, David A. Baum: *Phylogenetic relationships of North American Antirrhinum (Veronicaceae).* In: *American Journal of Botany.* 91, 2004, S. 918-925 (http://www.amjbot.org/cgi/content/full/91/6/918).

Einzelnachweise

[1] D. C. Albach, H. M. Meudt, B. Oxelman: *Piecing together the "new" Plantaginaceae.* In: *American Journal of Botany.* 92, 2005, S. 297-315 (http://www.amjbot.org/cgi/content/full/92/2/297).

[2] Antirrhinum (http://rbg-web2.rbge.org.uk/cgi-bin/nph-readbtree.pl/dataset=/parent=/filename=feout/SID=608.1234393001?goto=1&GENUS_XREF=Antirrhinum) in der Flora Europaea

[3] David M. Thompson: *Systematics of Antirrhinum (Scrophulariaceae) in the New World.* In: *Systematic Botany Monographs.* 22, 1988, S. 1-142.

Spanien

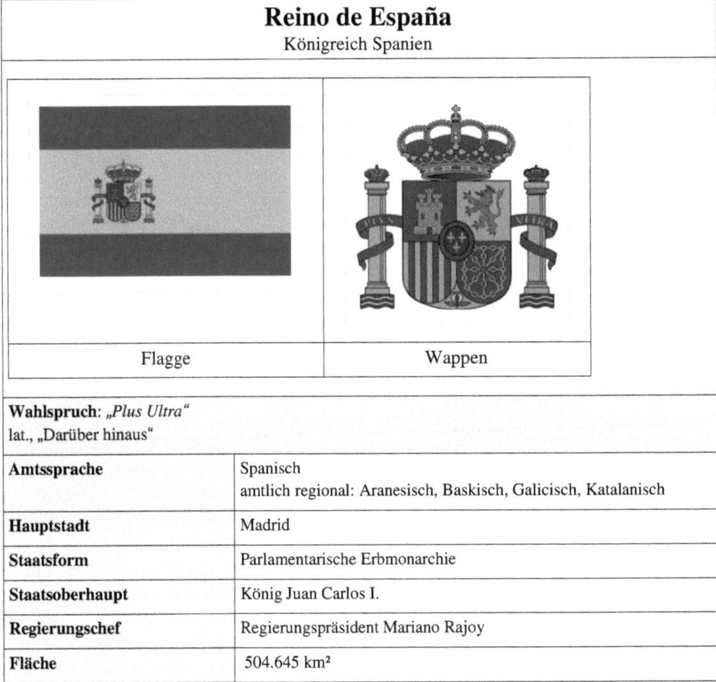

Reino de España
Königreich Spanien

Flagge	Wappen

Wahlspruch: *„Plus Ultra“*
lat., „Darüber hinaus“

Amtssprache	Spanisch amtlich regional: Aranesisch, Baskisch, Galicisch, Katalanisch
Hauptstadt	Madrid
Staatsform	Parlamentarische Erbmonarchie
Staatsoberhaupt	König Juan Carlos I.
Regierungschef	Regierungspräsident Mariano Rajoy
Fläche	504.645 km²

Einwohnerzahl	47.190.493 (Stand: 1. Jan. 2011)[1]
Bevölkerungsdichte	94 Einwohner pro km²
Bruttoinlandsprodukt • Total (PPP) • Total (Nominal) • BIP/Einw. (PPP) • BIP/Einw. (Nominal)	2009 • $ 1361 Milliarden (13.) • $ 1464 Milliarden (9.) • $ 29.689 (27.) • $ 31.946 (23.)
Human Development Index	0,863 (20.)
Währung	Euro
Nationalhymne	*Marcha Real*
Zeitzone	UTC+1 MEZ UTC+2 MESZ (März bis Oktober) UTC (Kanarische Inseln) UTC+1 (Kanarische Inseln) (März bis Oktober)
Kfz-Kennzeichen	E
Internet-TLD	.es
Telefonvorwahl	+34

Spanien (amtlich *Königreich Spanien*, spanisch *Reino de España* [ˈrejno ð(e) esˈpaɲa]) ist ein Staat mit einer parlamentarischen Erbmonarchie, der im Südwesten Europas liegt und den größten Teil der Iberischen Halbinsel einnimmt. Die Hauptstadt ist Madrid.

Geographie

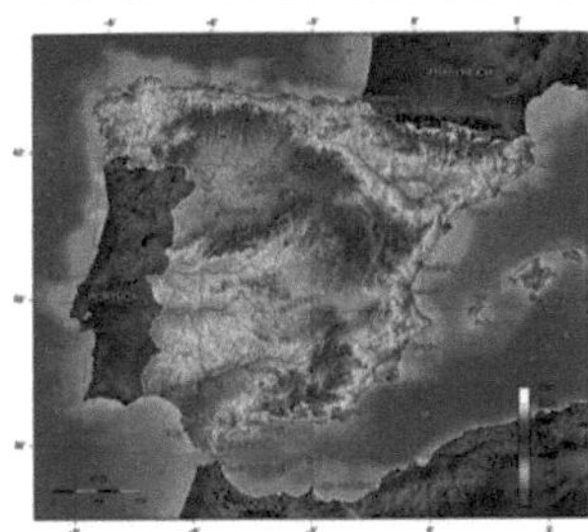
Topografie Spaniens

Spanien befindet sich, ebenso wie Portugal (im Westen) und das zum Vereinigten Königreich gehörende Gibraltar (im Süden), auf der Iberischen Halbinsel zwischen 36° und 43,5° nördlicher Breite und 9° westlicher und 3° östlicher Länge (ohne Balearen, Kanaren, Ceuta und Melilla). Spanien nimmt knapp sechs Siebtel der Iberischen Halbinsel ein. Im Nordosten, entlang des Gebirgszuges der Pyrenäen, grenzt Spanien an Frankreich und den Kleinstaat Andorra.

Außerdem gehören die im Mittelmeer gelegenen Balearen und die Kanaren im Atlantik sowie die an der nordafrikanischen Küste gelegenen Städte Ceuta und Melilla zum Staatsgebiet. In Frankreich besitzt Spanien die Exklave Llívia. Außerdem gehören Spanien die vor der marokkanischen Küste gelegenen Inseln Islas Chafarinas, Peñón de Vélez de la Gomera, Alhucemas, Isla de Alborán, Isla del Perejil und die Islas Columbretes.

Der nördlichste Punkt Spaniens ist die Estaca de Bares in Galicien, auf dem Festland sind der westlichste Punkt das Cabo Touriñán (ebenfalls in Galicien), der südlichste die Punta Marroquí bei Tarifa und der östlichste das Cap de Creus an der Costa Brava. Die größte Ausdehnung von Norden nach Süden beträgt 856 Kilometer und von Osten nach Westen 1020 Kilometer. Der westlichste und der südlichste Punkt Gesamtspaniens liegen auf der kanarischen Insel El Hierro, der östlichste auf der Baleareninsel Menorca.

Das Staatsgebiet weist mit einer mittleren Höhe von ca. 660 Metern über NN einen der höchsten Werte Europas auf. Die räumliche Gliederung der Halbinsel wird wesentlich durch sechs große Gebirgssysteme bestimmt.

Gebirgssysteme

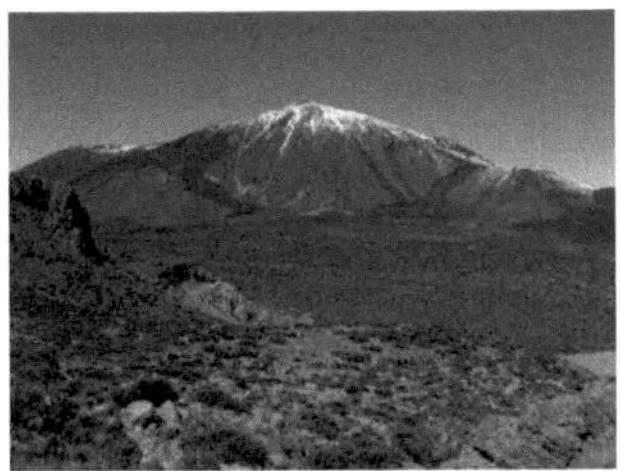
Teide, höchster Berg auf spanischem Staatsgebiet

Von den sechs großen Gebirgssystemen verlaufen fünf in West-Ost-Richtung. Im Norden sind es die Pyrenäen (bis 3400 Meter), die die Begrenzung zum restlichen festländischen Europa bilden. Westlich an die Pyrenäen schließt sich das parallel zur Nordküste verlaufende Kantabrische Gebirge (mit den höchsten Erhebungen in den Picos de Europa bei 2600 Metern) an. Dieses fächert sich an seinem Westende in Galicien und dem nördlichen Portugal in eine Vielzahl niederer Mittelgebirgszüge auf. Ebenfalls in West-Ost-Richtung verläuft etwa in der Mitte der Halbinsel das Kastilische Scheidegebirge, das sich in verschiedene Blöcke gliedert und Höhen bis 2600 Metern aufweist. In Portugal setzt es sich mit der Serra da Estrela fort. Weiter südlich trennt die niedrigere (bis 1300 Meter) und ebenfalls von West nach Ost verlaufende Sierra Morena das Zentrale Hochland von der Senke des Guadalquivir. Im äußersten Süden schließlich verläuft die Betische Kordillere entlang der Mittelmeerküste von Gibraltar bis südlich von Valencia. Die Balearen sind geologisch ihre nordöstliche Fortsetzung. Auf der Betischen Kordillere befindet sich mit dem Mulhacén (3482 Meter) in der Sierra Nevada der höchste Punkt auf Spaniens Festland und der Iberischen Halbinsel. Der höchste Berg auf spanischem Staatsgebiet ist allerdings mit 3718 Metern Höhe der Pico del Teide auf der Kanaren-Insel Teneriffa.

Das Iberische Randgebirge mit Höhen bis zu 2300 Metern verläuft hingegen in Nordwest-Südost-Richtung etwa östlich einer Linie Burgos-Valencia.

Flüsse

Zwischen den Gebirgsketten verlaufen die fünf großen Flusssysteme, von denen vier eine Ost-West-Orientierung aufweisen, in den Atlantik münden und ihren Ursprung im Iberischen Randgebirge, der großen Wasserscheide der Halbinsel, haben. Das Becken zwischen dem Kantabrischen Gebirge und dem Kastilischen Scheidegebirge wird durch den Duero entwässert. Weiter südlich verlaufen der Tajo und der Guadiana ebenfalls von Osten nach Westen. Das gleiche gilt für den Guadalquivir südlich der Sierra Morena.

Die Senke zwischen dem Iberischen Randgebirge und den Pyrenäen hingegen wird durch den Ebro zum Mittelmeer entwässert. Dieser Strom entspringt im Kantabrischen Gebirge und verläuft in Nordwest-Südost-Richtung.

Zentrale Hochfläche

Das Zentrum wird von einer großen Hochebene eingenommen, die als Meseta (von Mesa = Tisch) bezeichnet wird. Sie wird im Norden und Nordwesten vom Kantabrischen Gebirge und dessen Ausläufern, im Osten vom Iberischen Randgebirge und im Süden von der Sierra Morena umgrenzt. Im Südwesten geht sie in die etwas tiefer gelegene, aber nicht so ebene Extremadura über. Durch das Kastilische Scheidegebirge wird sie in zwei Hälften (die Nord- und die Südmeseta) geteilt, wobei die nördliche im Mittel etwas höher liegt als die südliche. Die großen Städte der Nordmeseta (Valladolid, León, Burgos, Salamanca) liegen auf einer Höhe von 700 bis 900 Metern, die der Südmeseta (Madrid, Toledo, Ciudad Real) auf 500 bis 700 Metern.

Küstenebenen und Senken

Wesentlich tiefer liegen die Senken, die vom Guadalquivir und vom Ebro durchflossen werden. Da die Gebirge fast überall bis nahe ans Meer herantreten, finden sich ausgedehntere Küstenebenen kaum.

Klima

Das Klima in Spanien kann grob in folgende Zonen gegliedert werden:

- *Atlantisches Klima*: an der nördlichen Atlantikküste: Galicien, Asturien, Kantabrien, Baskenland, Navarra (Norden).
  Vor allem im Winter Niederschläge, sehr milde Winter und Sommer (siehe Klimadiagramm von Santander).
- *Ozeanisch-Kontinentales Klima*: im Zentrum der Iberischen Halbinsel: Kastilien-León, Madrid, La Rioja, Navarra, Kastilien-La Mancha, Extremadura und Andalusien.
  Sehr kalte Winter mit regelmäßigen Schneefällen im Norden und heiße Sommer, hauptsächlich im Winter Niederschläge.
- *Kontinentales Mittelmeerklima*: in Aragón, Katalonien, Valencia (Hinterland), Murcia, Kastilien-La Mancha und Andalusien.
  Niederschläge vor allem in Frühling und Herbst. Heiße Sommer und kalte Winter; die täglichen Temperaturschwankungen können 25 °C betragen.
- *Mittelmeerklima*: in Katalonien, auf den Balearen, in Valencia, Murcia und Andalusien.
  Niederschläge fallen vor allem im Frühjahr und Herbst, zum Teil wolkenbruchartig (erste Septemberwoche). Durch die von Norden nach Süden abnehmende Niederschlagsmenge (Barcelona 640 mm, Tortosa 524 mm, Valencia 454 mm, Alicante 336 mm, Almería 196 mm) kann das Mittelmeerklima in ein feuchtes und trockenes unterschieden werden. Die Temperaturen sind im Winter mild, im Sommer ist es heiß, teilweise auch heiß-feucht.
- *Subtropisches Klima*: auf den Kanaren.
  Milde Temperaturen (18 bis 24 °C) fast über das ganze Jahr, einen Winter gibt es so gut wie nicht (Durchschnittstemperaturen in Santa Cruz de Tenerife: 17,9 °C im Januar und 25,1 °C im August). Die

Niederschläge auf den Kanaren variieren sehr stark in den einzelnen Regionen der Inseln.

- *Gebirgsklima*: in den Höhenlagen der Pyrenäen, des Kastilischen Scheidegebirges, des Kantabrischen- und Iberischen Gebirges und der Betischen Kordillere.
  Lange, kalte Winter und kurze, frische Sommer.

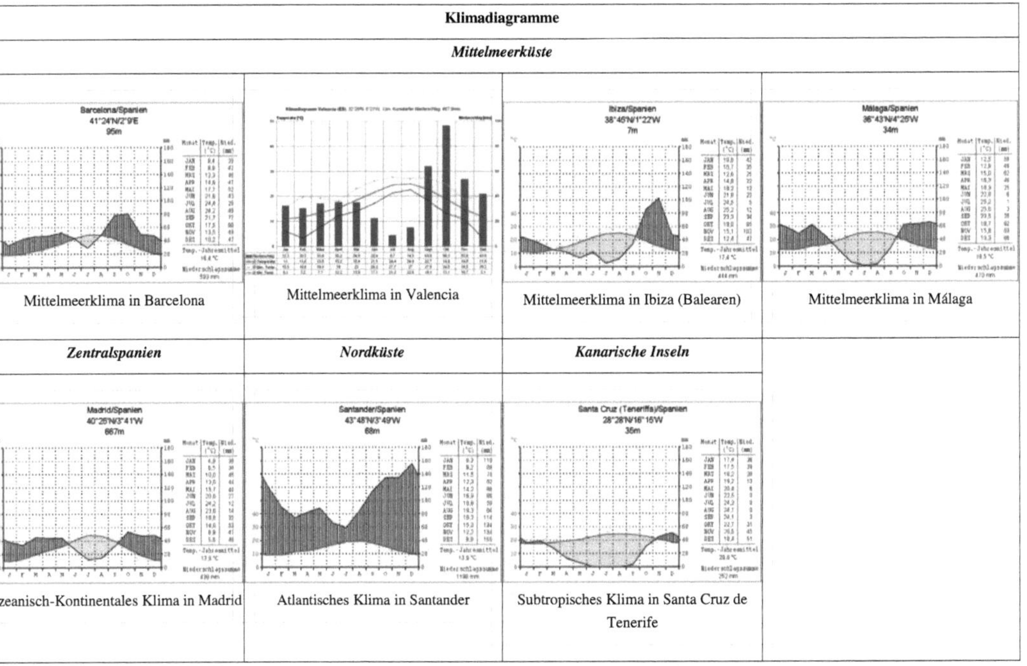

Klimadiagramme

Mittelmeerküste

Mittelmeerklima in Barcelona

Mittelmeerklima in Valencia

Mittelmeerklima in Ibiza (Balearen)

Mittelmeerklima in Málaga

Zentralspanien

Ozeanisch-Kontinentales Klima in Madrid

Nordküste

Atlantisches Klima in Santander

Kanarische Inseln

Subtropisches Klima in Santa Cruz de Tenerife

Flora

Die Vegetation der Iberischen Halbinsel teilt sich in drei große Bereiche auf:

- Vegetation des feuchten Spanien: Eichen, Buchen
- Vegetation des trockenen Spanien: immergrüne Eichen (Steineichen, Korkeichen), Pinien und Palmen
- Vegetation der Gebirge je nach Höhe: Steineichen, Korkeichen, Eichen, Edelkastanien, Wiesen, alpine Magerrasen

Intensiver Anbau von Kulturpflanzen erfordert Bewässerungsanbau.

Fauna

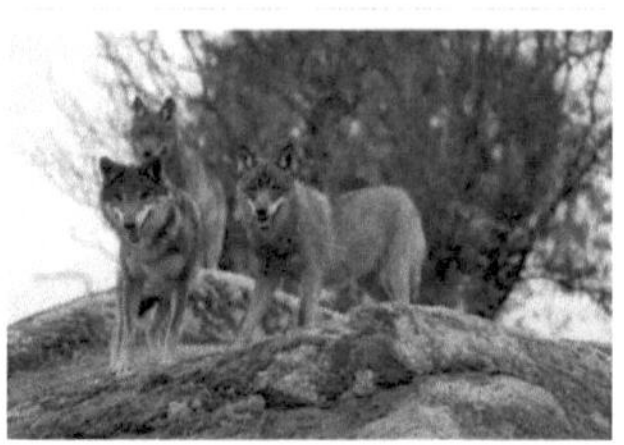
Iberischer Wolf (*Canis lupus signatus*)

Pardelluchs (*Lynx pardinus*)

Die spanische Tierwelt ist äußerst reich an Arten. Aufgrund der verhältnismäßig dünnen Besiedelung konnten in Spanien Tierarten überleben, die im restlichen Westeuropa ausgerottet wurden. Zudem bildeten sich aufgrund der Abgrenzung der Iberischen Halbinsel durch die Pyrenäen einige endemische Arten. In Nordwest- und Zentralspanien sowie vereinzelt in der Sierra Morena leben insgesamt rund 2.500 Wölfe. Der Iberische Wolf (*Canis lupus signatus*) bildet damit die größte und stabilste Population Westeuropas. Etwa 200 Braunbären leben im Kantabrischen Gebirge sowie den Pyrenäen. Während die Population an Kantabrischen Bären als stabil gilt, sind die in den Pyrenäen beheimateten akut vom Aussterben bedroht. Der Pardelluchs ist eine nur in Spanien und Portugal beheimatete Luchsart, mit unter 300 Wildtieren ist sie in der Gegenwart jedoch stark gefährdet. Weitere charakteristische Säuger Spaniens sind die sonst nur in Afrika und Vorderasien beheimatete Kleinfleck-Ginsterkatze, der Ichneumon, der Iberiensteinbock oder die Pyrenäen-Gämse. Gleich drei Arten von Hasen sind in Spanien heimisch, der Feldhase sowie die endemischen Iberischen Hasen und Castroviejo-Hasen. Häufig sind Hirsche, Rehe, Eichhörnchen, Kaninchen, Wildschweine, Marder, Dachse und Füchse. Mufflons und Murmeltiere sind in Gebirgslagen anzutreffen, Wildkatzen in größeren Wäldern und Fischotter in Flussgebieten. In den Pyrenäen und im Kantabrischen Gebirge sind Bartgeier heimisch, Mönchs-, Gänse- und Schmutzgeier sind in weiten Teilen des Landes zu finden. Weitere charakteristische Großvögel sind der Spanische Kaiseradler oder der Steinadler. Flamingos sind in Feuchtgebieten wie z. B. Coto de Doñana anzutreffen. Zur Reptilienfauna Spaniens gehören zahlreiche Eidechsen, Geckos, Skinke, Schleichen, Schlangen, Land- und Meeresschildkröten, wie die Unechte Karettschildkröte. Bekannt sind auch die Kanareneidechsen, insbesondere die El-Hierro-Rieseneidechse (*Gallotia simonyi*), die eine Körperlänge von bis zu 75 cm erreichen kann.

Bevölkerung

Bevölkerungsentwicklung

In den vergangenen zehn Jahren stieg die Bevölkerung Spaniens sehr stark an, sowohl verglichen mit anderen europäischen Staaten als auch im Vergleich zu den Jahrzehnten davor. So stieg in den 90ern die Bevölkerung Spaniens um 1,1 Millionen im ersten Jahrzehnt des 21. Jahrhunderts um 7 Millionen. Hätte Deutschland in den letzten 12 Jahren ein ähnliches prozentuales Bevölkerungswachstum gehabt, hätte es heute knapp 100 Millionen Einwohner. Ein Großteil des Bevölkerungswachstums ging auf Zuwanderung zurück. So stieg die ausländische Bevölkerung von 0,74 Millionen im Jahr 1999 auf 5,73 Millionen 2011. Hierbei ist natürlich noch zu beachten, dass es auch Einbürgerungen gab. Die Fruchtbarkeitsrate lag im Jahr 2008 in Spanien mit rund 1,46 Kindern pro Frau unter dem EU-Schnitt von 1,6.[2]

Jahr	Tsd. Einwohner	Jahr	Tsd. Einwohner	Jahr	Tsd. Einwohner	Jahr	Tsd. Einwohner	Jahr	Tsd. Einwohner
1998	39.852	2001	41.116	2004	43.197	2007	45.200	2010	46.951
1999	40.202	2002	41.837	2005	44.108	2008	46.063	2011	47.190
2000	40.499	2003	42.717	2006	44.708	2009	46.661		

Lebenserwartung

Die durchschnittliche Lebenserwartung der Spanier wurde im Juni 2007 mit 79,7 Jahren ermittelt. Die durchschnittliche Lebenserwartung der Männer beträgt 76,3 Jahre, die der Frauen 83 Jahre. 16,7 Prozent der Bevölkerung sind älter als 65 Jahre.[3]

Sprachen

In Spanien wird überwiegend Kastilisch (Spanisch), Katalanisch, Galicisch und Baskisch gesprochen. Kastilisch ist im gesamten Staatsgebiet Amtssprache. Katalanisch ist in den Autonomen Gemeinschaften Katalonien, Valencia (dort als Valencianisch bezeichnet) und auf den Balearen, Baskisch im Baskenland und Teilen Navarras und Galicisch in Galicien neben Kastilisch ebenfalls Amtssprache (*lenguas co-oficiales*). Im Val d'Aran hat Aranesisch, eine Varietät des Gascognischen, offiziellen Status.

Sprachen in Spanien:

Daneben existieren einige Sprachen, welche nur noch von einer geringen Anzahl von Menschen gesprochen werden und nicht den Status einer Amtssprache haben. Zu diesen zählen Asturleonesisch und Aragonesisch. Im Jálama-Tal (Provinz Cáceres) nahe der portugiesischen Grenze wird A Fala, ein überkommener Dialekt der galicisch-portugiesischen Sprache, gesprochen. In Melilla spricht die masirische Minderheit zudem Tamazight.

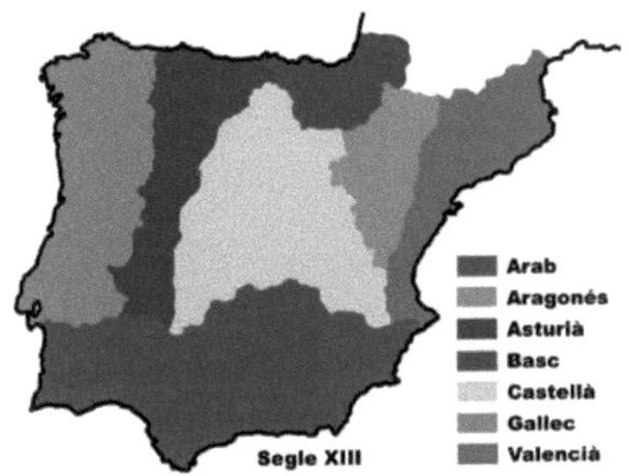

Ausbreitung der Sprachen auf der iberischen Halbinsel vom 13. bis zum 21. Jahrhundert:

Während der Urlaubssaison arbeiten in den Tourismusregionen auch Saisonarbeiter aus Deutschland und Polen, vielfach auch Südamerikaner. In einigen Tourismusregionen wie der Costa Blanca oder der Costa del Sol sind vergleichsweise viele Deutsche und Engländer dauerhaft ansässig.

Als Fremdsprachen werden meist Englisch und Französisch gesprochen. Jüngere Spanier sprechen als Fremdsprache zumeist Englisch, Ältere eher Französisch. In der breiten Bevölkerung sind anwendbare Fremdsprachenkenntnisse aber nach wie vor nicht die Regel. Laut einer von Eurostat 2007 durchgeführten Erhebung, beherrschen 46,6 % der erwachsenen Spanier (im Alter von 25 bis 64 Jahren) laut Selbsteinschätzung keine Fremdsprache. Im Gegensatz dazu lag im Jahr 2009 der Anteil der Schüler der Primarstufe, die eine Fremdsprache erlernten, für gewöhnlich Englisch, bereits bei 99 % und in der Sekundarstufe II bei 94 %, wobei 27 % zusätzlich eine zweite Fremdsprache erlernen, in der Regel Französisch.[4] In von Touristen gerne besuchten Gebieten am Mittelmeer, den Balearen und auf den Kanarischen Inseln ist zum Teil Deutsch gebräuchlich.

In Katalonien wird an den Schulen und Universitäten größtenteils auf Katalanisch gelehrt, Kastilisch darf dort jedoch von allen Studierenden in Unterricht und Klausuren benutzt werden.

Minderheiten

Zu den Minderheiten des Landes zählen vor allem die „Gitanos" (spanische Roma), die etwa seit dem 16. Jahrhundert nach Spanien einwanderten. Heute leben in Spanien etwa 600.000–800.000 Gitanos. Die spanischen Roma sind vor allem in Großstädten wie Madrid, Barcelona, Valencia oder Sevilla beheimatet. Sie brachten einige weltbekannte Stars hervor, etwa den Sänger Camarón de la Isla oder den Fußballspieler José Antonio Reyes. Vor allem in der spanischen Musikszene, speziell dem Flamenco, sind viele Roma zu finden.

Immigration

Spanien wies lange Zeit nur geringe Zuwanderungszahlen auf. Erst in den letzten Jahren hat eine stark ansteigende Immigration zu einem Bevölkerungsanstieg von über fünf Millionen Einwohnern geführt. Die Zahl der in Spanien lebenden Ausländer liegt bei rund 5,8 Millionen (Januar 2011), was zwölf Prozent der Gesamtbevölkerung entspricht, von denen 2,4 Millionen Staatsbürger anderer EU-Länder sind.[5] Im Vergleich mit dem Rest der EU liegt Spanien in absoluten Zahlen auf Rang zwei hinter Deutschland (7,1 Millionen). Betrachtet man den Anteil an Staatsbürgern anderer Länder, so liegt Spanien hinter Luxemburg (43,0 %), Lettland (17,4 %), Zypern und Estland (je 15,9 %) auf dem fünften Platz. Unter den Mitgliedsstaaten mit mehr als drei Millionen Einwohnern ist Spaniens Ausländerquote von 12,3 % die Höchste, gefolgt von Österreich (10,5 %), Belgien (9,7 %) und Deutschland (8,7 %).[6]

Daten vom 1. Januar 2011

Herkunftsland	nach Staatsbürgerschaft	nach Geburtsland
Rumänien	865.707	810.348
Marokko	773.995	769.106
Vereinigtes Königreich	391.194	392.852
Ecuador	360.710	480.626
Kolumbien	273.176	373.992
Bolivien	199.080	202.657
Deutschland	195.987	251.058
Italien	187.993	98.274
Bulgarien	172.926	165.668
China	167.132	160.788
Portugal	140.824	146.298
Peru	132.552	198.126
Frankreich	122.503	228.144
Argentinien	120.738	286.449
Brasilien	107.596	138.556
Gesamt	**5.751.487**	**6.677.839**

Spanier im Ausland

Die Zahl der im Ausland lebenden spanischen Staatsbürger liegt bei 1,7 Millionen (Januar 2011), 1.049.465 davon in Amerika und 602.178 in einem anderen Land Europas. Während nur 26,8 Prozent der in Amerika lebenden Spanier in Spanien geboren wurden, liegt dieser Prozentsatz bei den in einem anderen europäischen Land Residierenden bei 55,3 Prozent.[7] Dies liegt unter anderem daran, dass die größeren Auswanderungswellen von Mitte des 19. Jahrhunderts bis zum Spanischen Bürgerkrieg zumeist Süd- und Mittelamerika zum Ziel hatten, insbesondere Argentinien, Venezuela, Mexiko, Uruguay und Kuba, während mit dem Plan de Estabilización (1959) eine bis 1972 andauernde Emigrationswelle in europäische Länder wie Frankreich, Deutschland, die Schweiz, Belgien und das Vereinigte Königreich stattfand.

Land	Anzahl (Jan. 2011)
Argentinien	345.866
Frankreich	189.909
Venezuela	173.456
Deutschland	108.469
Schweiz	93.262
Brasilien	92.260
Mexiko	86.658
Vereinigte Staaten	79.495
Kuba	75.433
Vereinigtes Königreich	64.317
Uruguay	58.623
Belgien	45.485
Chile	40.492
Andorra	23.605
Niederlande	19.350
Gesamt	**1.702.778**

Religionen und Weltanschauungen

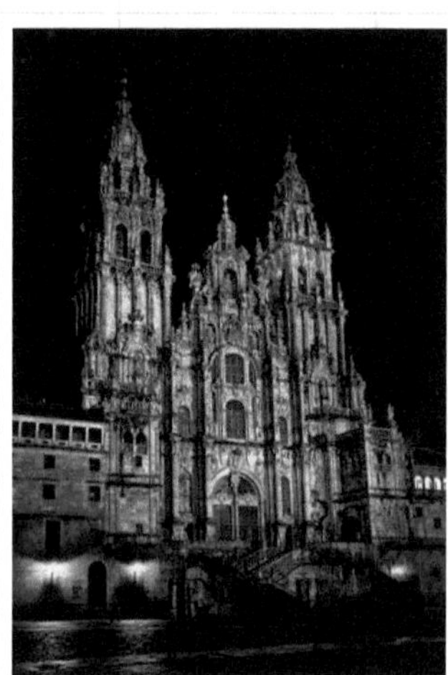
Die Kathedrale von Santiago de Compostela: Ziel der Pilger des Jakobswegs

Zwar gehören 92 Prozent der Bevölkerung (Stand 2000) offiziell der römisch-katholischen Kirche an, jedoch sinkt die Anzahl derer, die aktiv am religiösen Leben teilnehmen.[8] Im Rahmen einer Studie des staatlichen Meinungsforschungsinstitutes *Centro de Investigaciones Sociológicas* im Jahr 2010 gaben noch 75 Prozent der Befragten an, Katholiken zu sein.[9] Finanziert wird die katholische Kirche vom spanischen Staat auf Grundlage eines Vertrages mit dem Heiligen Stuhl und nicht aus direkt entrichteten Kirchensteuern ihrer Mitglieder, weshalb ein Kirchenaustritt keine finanziellen Vorteile bringt. Seit 2007 müssen allerdings die Steuerzahler selbst entscheiden, ob 0,7 % der Lohn- beziehungsweise Einkommensteuer kirchlichen oder anderen sozialen oder kulturellen Zwecken zufließen sollen. Treffen sie keine Entscheidung, wird dieser obligatorische Steuerbetrag direkt den anderen Zwecken zugeleitet. Die seit 1979 existierende direkte staatliche Finanzierung wurde vollständig abgeschafft.[10] Schon zwischen 1988 und 2007 konnten die Steuerzahler entscheiden, ob 0,5 % der Lohn- beziehungsweise Einkommensteuern kirchlichen oder anderen Zwecken zufließen sollen. Wurde damals allerdings ein Mindestbetrag unterschritten, kam der Staat dafür auf. Im Jahr 2008 wurden in 7.195.155 (34,31 %) Steuererklärungen diese 0,7 % der katholischen Kirche zukommen gelassen. Zwei Jahre zuvor waren es noch rund 711.975 weniger gewesen. Die Einnahmen aus Steuern stiegen somit seit der Neuregelung des Jahres 2007 von 173,8 Millionen Euro auf 252,7 Millionen Euro.[11] [12]

Es ist für Spaniens Katholiken nicht ohne weiteres möglich, sich von der Kirche offiziell loszusagen, da das spanische Recht den Akt des Kirchenaustritts nicht kennt und Spaniens katholische Kirche höchstrichterlich von der Pflicht entbunden wurde, die Daten ihrer Mitglieder auf deren Wunsch aus den Kirchenbüchern zu löschen. Zu dieser Entscheidung des obersten Gerichtshofes in Spanien kam es unter anderem, da sich „das als besonders konservativ geltende Erzbistum von Valencia weigerte, Tilgungen jeder Form vorzunehmen“. Das Erzbistum hatte sich auch nicht von Weisungen der spanischen Datenschutzbehörde (AEPD)[13] beeindrucken lassen und strengte zahlreiche Rechtsverfahren an, wobei es vor der Entscheidung des obersten Gerichtshofes in 171 Fällen unterlag.[14]

Eine größere Minderheit von 13,6 % der Bevölkerung bezeichnet sich laut genannter Untersuchung als nicht religiös und 7,7 % als Atheisten.[9] Nach einer Studie des Pew Research Center bezeichnen sich gerade einmal 46 % der Spanier als „religiös“, 19 % als „sehr religiös“. Unter den 18- bis 39-jährigen ist gar nur eine Minderheit von 9 % sehr religiös; weltweit ist der Wert nur in Frankreich und Japan niedriger, wo zudem die Werte der 39- bis 59-jährigen nur unwesentlich höher sind.[15]

Die Muslime machen 0,5 %, die Protestanten 0,3 % und Zeugen Jehovas 0,25 % der Bevölkerung aus. Juden, Angehörige anderer Konfessionen und offiziell Konfessionslose stellen zusammen 7,2 % der Bevölkerung.

In Spanien liegt der wichtige Wallfahrtsort Santiago de Compostela, das Ziel zahlreicher Pilger auf dem Jakobsweg.

Größte Städte

In Spanien gibt es zwei Millionenstädte, nämlich Madrid und Barcelona. Das starke Wachstum der Städte in den letzten Jahren hat jedoch dazu geführt, dass Metropolregionen entstanden sind, die teils weit über die politisch-administrativen Grenzen der Stadtgemeinden hinausgehen. In den Großräumen Madrid und Barcelona leben so über sechs bzw. vier Millionen Menschen, in den Metropolregionen Valencia, Sevilla und Bilbao jeweils über eine Million.

Die zehn größten Städte (Stand: 1. Januar 2009)[16]

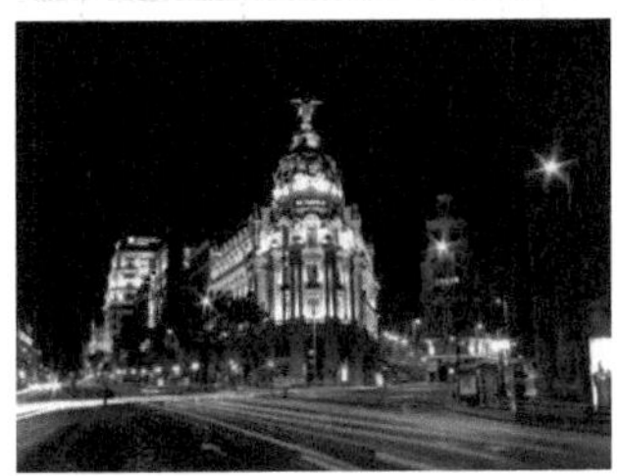

Zentrum von Madrid bei Nacht

Blick über Barcelona

Die Ciudad de las Artes y de las Ciencias, das Wahrzeichen Valencia

Blick über die Kathedrale und die Innenstadt von Sevilla

Das Guggenheim-Museum in Bilbao

Stadt	Einwohner
Madrid	3.255.944
Barcelona	1.621.537
Valencia	814.208
Sevilla	703.206
Saragossa	674.317
Málaga	568.305
Murcia	436.870
Palma	401.270
Las Palmas de Gran Canaria	381.847
Bilbao	354.860

Autonome Gemeinschaften nach Einwohnern

Die insgesamt 17 Autonomen Gemeinschaften sind in ihrer Größe sehr heterogen. Während die Einwohnerzahlen Andalusiens, Kataloniens, der Autonomen Gemeinschaft Madrid und der Region Valencia zwischen rund 5 und 8 Millionen liegen, leben in den kleinsten Regionen, Navarra, Kantabrien und La Rioja, deutlich unter einer Million Menschen. (Stand: 1. Januar 2009)[17]

Autonome Gemeinschaft	Einwohner	Autonome Gemeinschaft	Einwohner
Andalusien	8.302.923	Aragonien	1.345.473
Katalonien	7.475.420	Extremadura	1.102.410
Madrid	6.386.932	Balearische Inseln	1.095.426
Valencia	5.094.675	Asturien	1.085.289
Galicien	2.796.089	Navarra	630.578
Kastilien-León	2.563.521	Kantabrien	589.235
Baskenland	2.172.175	La Rioja	321.702
Kanarische Inseln	2.103.992	**Autonome Stadt**	**Einwohner**
Kastilien-La Mancha	2.081.313	Ceuta	78.674
Region Murcia	1.446.520	Melilla	73.460

Geschichte

Die Ureinwohner der Pyrenäenhalbinsel waren Kelten, Vasconen und Iberer, nach denen auch die Halbinsel benannt worden ist.

Im 11. Jahrhundert v. Chr. siedelten sich die Phönizier an der Südküste an; die berühmteste ihrer Kolonien war Cádiz (Gades). Der Name *Spanien* leitet sich von der römischen Bezeichnung „Hispania" ab (von phönizisch „Ishapan" = „Küste der Klippschliefer"; was die Phönizier für Klippschliefer hielten, waren in Wirklichkeit Kaninchen). Im Zweiten Punischen Krieg gelangten erstmals römische Truppen auf die Halbinsel, die relativ schnell den Westen und Süden besetzten. Bis aber auch der Norden unter der Kontrolle der Römer war, vergingen 200 Jahre. In der Spätphase des weströmischen Reiches zogen die Westgoten nach Gallien und gründeten dort das Westgotenreich, das auch weite Teile Iberiens umfasste. Nach einer schweren Niederlage gegen die Franken räumten die Westgoten Gallien weitgehend und verlagerten den Schwerpunkt ihres Reichs auf die Iberische Halbinsel. Diese zweite und letzte Phase des Westgotenreichs wird nach der neuen Hauptstadt Toledo als *Toledanisches Reich* bezeichnet.

Im frühen 8. Jahrhundert vernichteten die Mauren das Westgotenreich und eroberten die gesamte Iberische Halbinsel. Ihre jahrhundertelange Herrschaft prägte das Land. Das arabische Erbe schlug sich sowohl in der Architektur als auch in der Sprache nieder. Allerdings gelang es den Mauren nicht, sich auch in den nördlichen Randgebirgen der Halbinsel dauerhaft festzusetzen. Von dort aus nahm die „Rückeroberung" (*Reconquista*) ihren Ausgang. In diesem sich über mehrere Jahrhunderte (722–1492) hinziehenden und nicht kontinuierlich verlaufenden Prozess wurde der maurische Herrschaftsbereich von den christlichen Reichen nach und nach zurückgedrängt, bis mit dem Fall Granadas 1492 auch das letzte maurische Staatsgebilde auf der Halbinsel verschwand. Auf das Ende der Reconquista folgte eine Verfolgung religiöser Minderheiten. Die „Katholischen Könige" Isabella I. von Kastilien und Ferdinand II. von Aragón wollten keine Nichtkatholiken mehr in ihrem Machtbereich dulden. Moslems und Juden wurden genötigt, sich taufen zu lassen. 1478 wurde die Spanische Inquisition eingerichtet, um nur äußerlich konvertierte „Ungläubige", die insgeheim ihren früheren Glauben praktizierten, aufzuspüren und zu bestrafen. Am 31. März 1492 erließen Isabella I. und Ferdinand II. das Alhambra-Edikt, wonach alle nicht zwangstaufwilligen der 300.000 Juden[18] die Iberische Halbinsel zu verlassen hatten (Sephardim). 1609 ließ Philipp III. sogar die Moriscos vertreiben, Nachfahren von zum Christentum übergetretenen Mauren.

Im 15. Jahrhundert vereinigten sich die Königreiche von Kastilien und Aragón. Aragón war zu dieser Zeit schon lange eine wichtige Seemacht im Mittelmeer, Kastilien stand in Konkurrenz mit Portugal um die Vorherrschaft auf dem Atlantischen Ozean. Mit der *Entdeckung* Amerikas durch Christoph Kolumbus im Jahr 1492 stieg Spanien vorübergehend zu einer christlichen Weltmacht auf.

Christoph Kolumbus (um 1451–1506): genuesischer Seefahrer in Diensten der spanischen Krone (Porträt von Ridolfo Ghirlandajo)

Mit Kaiser Karl V. (als spanischer König: *Carlos I*), einem Enkel der Katholischen Könige, kamen 1516 die Habsburger auf den spanischen Thron. Bis zu ihrem Aussterben im Jahre 1700 stammten alle spanischen Könige aus der spanischen Linie dieser Dynastie. Wegen der Frage der Nachfolge des letzten Habsburger-Königs Karl II. entbrannte der Spanische Erbfolgekrieg, in den die führenden europäischen Mächte verwickelt waren. Als dessen Ergebnis gelangte mit Philipp V. ein Zweig der Bourbonen auf den spanischen Thron.

Das spanische Kolonialreich erstreckte sich um 1600 über weite Teile Süd- und Mittelamerikas, den südlichen Teil der heutigen USA und die Philippinen. Als Engländer und Franzosen ebenfalls ihre Bemühungen um Kolonien verstärkten, verlor Spanien allmählich seine Vormachtstellung. Die Befreiungskriege der amerikanischen Staaten, insbesondere der Mexikanische und die Südamerikanischen Unabhängigkeitskriege Anfang des 19. Jahrhunderts brachten den meisten Kolonien die Unabhängigkeit. 1898 gingen im Spanisch-Amerikanischen Krieg die letzten größeren Besitztümer an die Vereinigten Staaten verloren, was das Ende des Kolonialreiches bedeutete. Die später hinzugekommenen afrikanischen Kolonien (Spanisch-Marokko, Spanisch-Sahara und Äquatorialguinea) erlangten schließlich im 20. Jahrhundert ihre Unabhängigkeit.

Zu Beginn des 20. Jahrhunderts ist Spanien größtenteils ein rückständiges Agrarland geprägt von feudalen Eigentumsverhältnissen, die wenige vorhandene Industrie konzentriert sich im Wesentlichen auf Katalonien und das Baskenland. Im Jahr 1923 übernimmt General Miguel Primo de Rivera die Macht und installiert eine Militärdiktatur, diese kann sich aber wegen der drängenden gesellschaftlichen Probleme nicht lange halten und 1931 wird Spanien zur Republik. Die ererbten politischen und sozialen Konflikte belasteten die *Zweite Republik* von Beginn an, bereits 1932 kam es zum ersten Putschversuch rechter Militärs unter Führung von General Sanjurjo. Im Jahr 1934 ereigneten sich eine Reihe von linken Aufständen, die zum Teil sehr blutig niedergeschlagen wurden. Die politische Instabilität, die vor allem von den extremen Vertretern linker und rechter Positionen und ihren paramilitärischen Verbänden, aber auch von Mitgliedern regulärer Sicherheitskräfte geschürt wurde, verschärfte sich nach dem Sieg der Volksfront aus linksliberalen, sozialistischen und kommunistischen Parteien bei den Parlamentswahlen vom 17. Februar 1936.

Im Juli 1936 putschen Teile des Militärs unter Führung von General Franco gegen die Regierung, der Putsch ist nur in einigen Landesteilen erfolgreich und scheitert in den wichtigen politischen und industriellen Zentren des Landes (u. a. Madrid, Katalonien, Baskenland). Es folgt der Spanische Bürgerkrieg, in dessen Verlauf die Putschisten wichtige Hilfe durch das faschistische Italien und das nationalsozialistische Deutschland erhielten, während die liberalen Demokratien Frankreich und Großbritannien eine Nichteinmischungspolitik praktizierten und damit den Siegeszug Francos gegen die Republik begünstigten.

Francisco Franco (1892–1975)

1939 endet der Krieg mit dem Sieg des national-konservativen Spaniens über das republikanische Spanien. Die Epoche der franquistischen Diktatur beginnt mit einer mehrjährigen Phase gewaltsamer Säuberungen und führte das Land in eine langanhaltende politische und gesellschaftliche Lethargie. Nach dem Tod Francos (1975) wird König Juan Carlos, als vom Diktator bestimmter Nachfolger, Staatsoberhaupt Spaniens und leitet einen Demokratisierungsprozess (span. *Transición*) ein. Mit der Verabschiedung der Verfassung 1978 wird Spanien zu einer konstitutionellen Monarchie. Seit der Endphase der Diktatur und besonders während der Transition kommt es zu massiver Aktivität der ETA und anderer linker wie auch rechter Terrorgruppen. Im Jahr 1981 erfolgt noch einmal ein Putschversuch („23-F") rechter Militärs und Teile der paramilitärischen Guardia Civil gegen die demokratische Regierung.

Die Transition endet 1982 mit der Regierungsübernahme durch die sozialdemokratische Partei von Felipe González (PSOE). Während der 1980er wird Spanien Mitglied der NATO und der EU und erlebt einen wirtschaftlichen Aufschwung. Gleichzeitig wurde im Kampf gegen die ETA eine staatsterroristische Gruppe (GAL) aufgestellt, die mit Folter und Mord den baskischen Separatismus bekämpfte, diese Epoche ist in Spanien als „schmutziger Krieg" (span. *guerra sucia*) bekannt.[19] Der Skandal um die GAL-Verwicklungen hoher Regierungsmitglieder führte 1996 zu einer Wahlniederlage von PSOE. In der Folge wurde José María Aznar (Partido Popular, PP) neuer Ministerpräsident. Nach zwei Legislaturperioden die von zahlreichen Skandalen und innenpolitischen Konflikten (Irakkrieg) geprägt waren verlor PP, unter dem Eindruck der Madrider Zuganschläge vom 11. März 2004, die Parlamentswahlen (14. März 2004). Seit 2004 führt José Luis Rodríguez Zapatero (PSOE) in Madrid eine Minderheitsregierung. Mit den Wahlen im Dezember 2011 gelangte wieder die PP an die Regierung, was damit nach

1982, 1996 und 2004 den insgesamt vierten Machtwechsel zwischen Konservativen und Sozialdemokraten seit dem Übergang zur Demokratie bedeutete.

Recht

Verfassungsrecht

Gemäß der Verfassung vom 6. Dezember 1978 ist Spanien ein sozialer und demokratischer Rechtsstaat mit der Staatsform einer parlamentarischen Monarchie (Art. 1, Abs. 3 der spanischen Verfassung). Der Königstitel ist erblich. Der derzeitige König ist Juan Carlos I. Der König ist Staatsoberhaupt und Oberbefehlshaber der Streitkräfte. Thronfolger ist Prinz Felipe de Borbón y Grecia, der gleichzeitig den Titel *Fürst von Asturien* (Príncipe de Asturias) trägt. Wohnsitz der Königsfamilie ist der Palacio de la Zarzuela in Madrid.

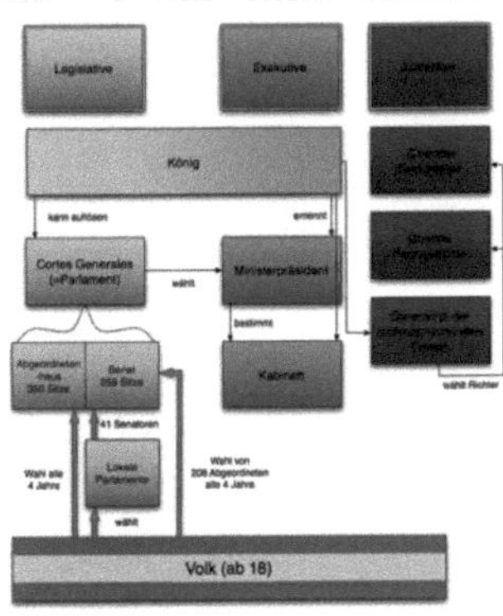

Politisches System Spaniens

Die Rolle der spanischen Krone wird in der Verfassung im Wesentlichen auf repräsentative Funktionen beschränkt. Darüber hinausgehende Funktionen des Königs sind die Bestätigung von Gesetzen und die Ernennung und Entlassung des Regierungschefs.

Das oberste Gesetzgebungsorgan in Spanien ist das Parlament, die Cortes Generales. Die *Cortes* unterteilen sich in zwei Kammern, das Abgeordnetenhaus (*Congreso de los Diputados*) und den Senat (*Senado*). Die 300 bis 400 Mitglieder des Abgeordnetenhauses werden per Direktwahl für vier Jahre gewählt. Der Senat hat 259 Mitglieder. Davon werden 208 Mitglieder direkt vom Volk gewählt und die restlichen 51 von den Parlamenten der Autonomen Gemeinschaften bestimmt. Senatoren werden für eine Amtszeit von vier Jahren ernannt.

Der Ministerpräsident (*Presidente del Gobierno*, wörtlich übersetzt „Regierungspräsident") wird vom Abgeordnetenhaus gewählt. Die Minister werden auf Vorschlag des Ministerpräsidenten vom König ernannt. Amtssitz ist der Palacio de la Moncloa in Madrid.

Spanien ist seit Januar 1986 Mitglied der Europäischen Union.

Politik

Politische Parteien

In Spanien gibt es vier im Kongress vertretene Parteien beziehungsweise Parteienbündnisse, die in ganz Spanien aktiv sind: Der rechts-konservative *Partido Popular* (PP), der sozialdemokratische PSOE und die linke Sammlungsbewegung *Izquierda Unida* (IU) und seit 2008 die neugegründete antiregionale-liberale Unión Progreso y Democracia (UPyD).

Regionale Parteien spielen, vor allem wegen der verschiedenen Nationalitäten innerhalb Spaniens, eine entscheidende Rolle. Die wichtigsten, im Kongress vertretenen, sind das katalanisch bürgerlich-nationalistische Parteienbündnis *Convergència i Unió* (CiU), die katalanischen Linksnationalisten *Esquerra Republicana de Catalunya* (ERC) und die baskisch-bürgerlichen Nationalisten *Partido Nacionalista Vasco* (PNV). Die meisten der regional organisierten Parteien treten für eine stärkere Autonomie ihrer Regionen ein, diese Forderungen gehen besonders bei den Basken und Katalanen bis hin zur staatlichen Unabhängigkeit, für dieses Ziel wird seit dem Ende des Franquismus wieder sehr massiv agiert (vgl. *Plan Ibarretxe*). Als größte Regionalpartei agiert die sozialdemokratische *Partit dels Socialistes de Catalunya* (PSC), die allerdings die fest verbundene Schwesterpartei von PSOE in Katalonien ist und somit nur formal eine Regionalpartei darstellt.

Neben der politischen Ausrichtung einer Partei ist auch die nationale Ausrichtung ein entscheidendes politisches Kriterium in Spanien. Die *Partido Popular*, welche an einem gesamtspanischen Nationalismus (Staatsdoktrin im Franquismus) festhält und die Einheit und Unteilbarkeit der spanischen Nation betont, schneidet daher in Katalonien und im Baskenland schwach ab.

Politische Gliederung

Spanien gliedert sich in 17 Autonome Gemeinschaften oder Regionen (*Comunidades Autónomas*). Diese verfügen nicht über Eigenstaatlichkeit (Spanien ist also kein Bundesstaat), aber dennoch über einen Kompetenzumfang, der dem der deutschen Bundesländer vergleichbar ist. Von diesen bestehen sieben (Asturien, Kantabrien, Navarra, La Rioja, Madrid, Murcia, Balearen) nur aus einer Provinz, die übrigen aus mehreren Provinzen. Insgesamt gibt es 50 Provinzen. In den uniprovinzialen Autonomen Gemeinschaften nehmen diese gleichzeitig die der Provinz übertragenen Aufgaben wahr. Daneben existieren noch die zwei Autonomen Städte Ceuta und Melilla, die weder einer Autonomen Gemeinschaft, noch einer Provinz zugeordnet sind.

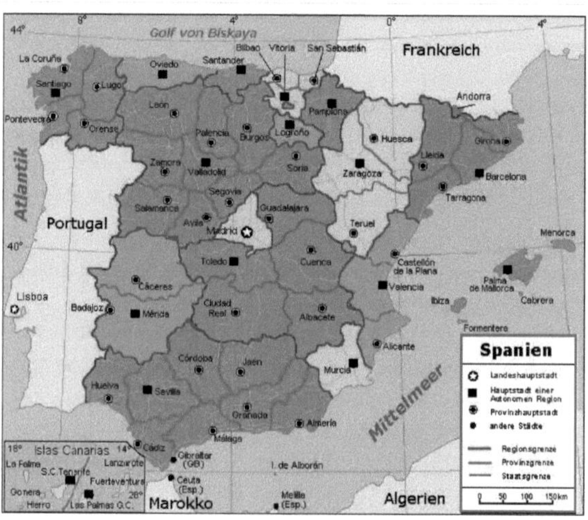

Unterteilung Spaniens in Regionen und Provinzen

Die niedrigste Verwaltungsstufe sind die Gemeinden. In verschiedenen Autonomen Gemeinschaften existiert zwischen den Provinzen und den Gemeinden noch eine Zwischenebene. Diese Einheiten tragen verschiedene Bezeichnungen (*comarcas, veguerías, mancomunidades*).

Seit langem gibt es ungelöste Konflikte um den Autonomiestatus des Baskenlandes und Kataloniens. Im Baskenland kämpft die ETA seit 1959 mit Gewalt und Terror für die Unabhängigkeit. Die explizit baskischen beziehungsweise katalanischen Parteien setzten sich dagegen auf rein politischem Weg für eine stark erweiterte Autonomie, „freie Angliederung an Spanien" beziehungsweise Unabhängigkeit ihrer Regionen ein. Man beruft sich auf das Selbstbestimmungsrecht der Völker und will Volksabstimmungen durchführen, in denen die Bevölkerung der entsprechenden Region frei über den Status entscheiden kann. Vorbilder dafür sind unter Anderem die Volksabstimmungen in Québec (1980, 1995) und Montenegro (2006). Die zentralspanischen Parteien PP und PSOE stehen diesen Plänen ablehnend gegenüber.

Polizei

Das Polizeisystem Spaniens ist aufgrund der politischen Gliederung Spaniens komplex. Sie umfasst im Wesentlichen vier Arten von Polizeikörpern:

1. die gleichermaßen dem Verteidigungs- und Innenministerium unterstehende und militärisch organisierte Guardia Civil,
2. die gesamtstaatliche Nationalpolizei (*Cuerpo Nacional de Policía* - CNP) des Innenministeriums,
3. die Polizeien der Autonomen Gemeinschaften (*Policía Autonómica*), die bislang im Baskenland (*Ertzaintza*), in Katalonien (*Mossos d'Esquadra*) und in Navarra (*Policía Foral*) aufgestellt wurden,
4. sowie die Gemeinde- und Stadtpolizeien (*Guardia Urbana, Policía Local* oder *Policía Municipal* genannt).

Militär

Die **Spanischen Streitkräfte** (spanisch **Fuerzas Armadas Españolas**) gliedern sich in

- Heer (*Ejército de Tierra*)
- Marine (*Armada Española*) mit der Marineinfanterie Infantería de Marina
- Luftwaffe (*Ejército del Aire*)

sowie die paramilitärische Guardia Civil und die 2005 gegründete Unidad Militar de Emergencias (UME, Militärische Notfalleinheit).

Weitere unabhängige Einheiten sind die Königliche Garde (Guardia Real) und die direkt dem Oberkommando unterstellte Spanische Legion.

Oberbefehlshaber der Spanischen Streitkräfte ist der Spanische König, derzeit Juan Carlos I. Das Militärbudget Spaniens beträgt 12,8 Milliarden Euro (1,2 % des BIP). Seit 2000 ist es möglich, dass Männer und Frauen, die Spanisch als Muttersprache sprechen aber keine spanischen Staatsbürger sind, in die Spanischen Streitkräfte eintreten können. Die Wehrpflicht wurde 2001 abgeschafft.

Europapolitik

Spanien, seit 1986 Mitglied der EU, steht dieser überaus positiv gegenüber und befürwortet weitere Integration und Erweiterung. Es setzt sich konstant für eine Ausweitung der Beziehungen zu Lateinamerika und den nordafrikanischen Ländern ein.

Spanien hat am 1. Januar 2010 die EU-Ratspräsidentschaft übernommen und somit die gemeinsame Triopräsidentschaft mit Belgien und Ungarn eröffnet. Nachdem der Vertrag von Lissabon am 1. Dezember 2009 in Kraft trat, wird dessen praktische Umsetzung im Vordergrund der Ratspräsidentschaft stehen. Andere geplante Schwerpunkte sind: der Haushaltsentwurf für eine neue finanzielle Perspektive nach 2013 unter Berücksichtigung der Kohärenzpolitik; eine mögliche Erweiterung um die westlichen Balkanländer sowie die Ausweitung der erweiterten Europäischen Nachbarschaftspolitik für den Osten mit der intensiven Institutionalisierung von „gemeinsamen Räumen" oder Leitlinien; und die Erweiterung des Schengen-Raums um die jüngsten Teilnehmer - Bulgarien und Rumänien - vor dem Hintergrund einer gemeinsamen europäischen Einwanderungs-, Asyl- und Visapolitik.

Infrastruktur

Straßennetz

Spanien verfügt über ein gut ausgebautes Straßen- und Autobahnnetz von 663.795 Kilometern Länge. Die Straßen sind zum allergrößten Teil befestigt. Das Fernstraßennetz umfasst Nationalstraßen, *carreteras nacionales*, und Autobahnen, die sogenannten *autovías* (gebührenfrei) und *autopistas* (mautpflichtig, *de peaje*). An den Zahlstellen der gebührenpflichtigen *autopistas* kann mit Bargeld oder Kreditkarte bezahlt werden.

Spanische Autobahn

Teilweise verlaufen gebührenpflichtige Autobahnabschnitte parallel zu gebührenfreien. Rund um Ballungszentren gibt es meist gebührenfreie *autovías*, viele Fernverbindungen sind gebührenpflichtig.

Die Höchstgeschwindigkeit beträgt:

- innerhalb geschlossener Ortschaften 50 km/h. Ein Gesetzentwurf zur Beschränkung auf 30 km/h bei nur einer Fahrspur pro Richtung wird in Kürze verabschiedet werden.
- auf Landstraßen 90 km/h
- auf Landstraßen mit einem Randstreifen von mindestens 1,5 m Breite oder einer zusätzlichen Fahrspur 100 km/h
- auf den Autobahnen generell 120 km/h, jedoch wurde dieses Limit im März 2011 vorläufig bis zum 30. Juni 2011 im Rahmen der Maßnahmen zur Energieeinsparung wegen der Unruhen in der arabischen Welt auf 110 km/h beschränkt.

Seit Sommer 2005 werden in Spanien Geschwindigkeitskontrollen mit stationären Radargeräten durchgeführt, seit Herbst 2010 wird auch die Durchschnittsgeschwindigkeit auf längeren Teilstrecken kontrolliert, vor allem in Tunnel, um so zu verhindern, dass Autofahrer an bekannten Geschwindigkeitskontrollen nur kurz den Fuß vom Gas nehmen.

In geschlossenen Ortschaften muss nachts immer mit Abblendlicht gefahren werden. Vorsicht beim Einfahren in Autobahnen: hier gilt zwar wie im deutschen Sprachraum „Vorfahrt gewähren", jedoch wird einfahrenden Autofahrern oft kein Platz zum Einscheren eingeräumt.

Durch die hohe Anzahl an Kreisverkehren, die praktisch ein „Links vor Rechts" darstellen, ist das „Rechts vor Links" Verständnis nicht sehr ausgeprägt in Spanien. Dazu kommt noch, dass in weiten Teilen Spaniens eine Straße ohne Vorfahrt einschränkendes Verkehrsschild das Vorfahrtsrecht hat, was Ortkundige daran sehen, dass die einmündenden Straßen sehr wohl die Vorfahrt eingeschränkt haben.

Auch ist davon abzuraten beim Rechtsabbiegen auf das Vorfahrtsrecht gegenüber eines entgegenkommenden Linkseinfädlers zu pochen. Oft wird der Verkehrsfluss über das eigentliche Vorfahrtsrecht gestellt, was im Vergleich zu Deutschland zu völlig gegenteiligen Verkehrssituationen führen kann. Hinzu kommt, dass es in Spanien an der Regel ist, Verkehrsteilnehmer mit Fahrzeugen vorzulassen, die eines schwereren Eingreifens bedürfen und weniger flexibel sind, wie z.B. LKWs.

Für Linksabbieger gibt es gelegentlich eine Art „Wartespur" in der Mitte der eingebogenen Straße, von dieser Wartespur kann letztendlich nach rechts in die Fahrspur eingeschert werden. Auf der anderen Seite ist häufig zu sehen, dass es keinen echten Linksabbiegerstreifen gibt, sondern Linksabbieger zunächst nach Rechts in einen Bogen geführt werden, der dann als Querverkehr die Ursprungsstraße kreuzt.

Sich als Motorradfahrer durch langsam fahrende oder stehende Autoreihen zu schlängeln ist in Spanien völlig normal. Selbst Motorradpolizisten machen dies und in manchen Städten ist vor der Ampel eine mit gelben Querstrichen versehene Zone extra für die sich dort ansammelnden und auf Grün wartenden Motorräder vorgesehen. Fahren ohne Helm kann zur Sicherstellung des Motorrads führen, bis ein berechtigter Fahrer mit Helm erscheint.

Die Verwarnungsgelder sind in Spanien im Vergleich zu Deutschland sehr viel höher. Ein Bezahlen des Strafzettels innerhalb von i.d.R. 14 Tagen bringt einen 50%igen Nachlass mit sich. Auffällig ist, dass der Bürgersteig absolut frei von Fahrzeugen ist. Weder Motorräder dürfen dort abgestellt werden, noch dürfen Autos auf dem Gehweg parken, auch nicht einseitig. Ein (wenn auch nur bruchteilhaftes) Abstellen auf dem Gehweg hat ein sofortiges Abschleppen zur Folge. Auf der anderen Seite wird das Parken vor Fußgängerüberwegen weniger streng geahndet als in Deutschland.

Sehr hohe Geschwindigkeitsvergehen, gefährliches Rowdietum im Straßenverkehr oder Fahren unter erheblichem Alkoholeinfluss können als Straftat gewertet werden und sogar Haftstrafen nach sich ziehen.

Seit Juli 2004 sind in Spanien Warnwesten gesetzlich vorgeschrieben. Diese müssen bei Unfällen und Pannen getragen werden. Reservelampen für die Fahrzeugbeleuchtung und zwei rote Warndreiecke müssen ebenso im Kraftfahrzeug mitgeführt werden. Grüne Versicherungskarten sind zwar nicht Pflicht, aber empfehlenswert, da die Polizei damit vertraut ist.

In den letzten Jahren hat die Zahl der PKW und die Verstädterung in Spanien stark zugenommen. In Spanien gibt es 467 KFZ/1000 Ew. 78 % der Bevölkerung leben in Städten. Vielerorts herrscht auch durch die engen Straßen akute Parkplatznot. Eine durchgezogene gelbe Linie am Fahrbahnrand weist auf ein Parkverbot hin. Die lokale Polizei besitzt oftmals eigene Abschleppwagen. Die Parkgebühren in Ballungsräumen liegen auf demselben Niveau wie in Metropolen im deutschsprachigen Raum. In manchen Ballungsräumen (Madrid, Barcelona) sind die Straßennetze gerade im Berufsverkehr örtlich überfordert; teilweise gibt es Verkehrsleitsysteme wie in Valencia.

Fahrrad

Radfahren wird von den Spaniern zuerst als sportliche Betätigung aufgefasst; als Verkehrsmittel wird das Fahrrad selten genutzt. Radfahrer sind im Straßenverkehr rechtlich nicht besser gestellt als dies beispielsweise in Deutschland der Fall ist. Radwege sind meist nur in touristisch attraktiven Regionen bekannt. Die einzelnen Radwege sind oftmals nicht miteinander verknüpft. Im Großraum Madrid haben allerdings Autobahnen teilweise eine eigene Fahrradspur. Es fällt auf, dass in Spanien das Nebeneinanderfahren von zwei Radfahrern erlaubt ist.

Fernbusnetz

Spanien verfügt über ein sehr gut ausgebautes Busnetz. In kleinen und großen Städten gibt es spezielle Busbahnhöfe. Das Busnetz verbindet insbesondere kleinere Städte und Dörfer, aber es gibt auch überregionale Linien und internationale Verbindungen. Busfahren ist in Spanien vergleichsweise billig.

Schifffahrt

Die größten Seehäfen sind in Algeciras, Barcelona, Valencia, Bilbao, Gijón und Santa Cruz de Tenerife. Zwischen der Iberischen Halbinsel und den Balearen sowie den Kanaren gibt es eine Reihe von Fährverbindungen.

Für die Binnenschiffahrt wurden im 18. und 19. Jahrhundert der Canal Imperial de Aragón (es) und der Canal de Castilla gebaut. Inzwischen dienen diese jedoch nur noch dem Transport von Trinkwasser. Zum Zwecke der Wasser- und Energieversorgung wurden im 20. Jahrhundert in allen großen Flussläufen zahlreiche Talsperren errichtet, so dass die Flüsse des Landes nicht mehr schiffbar sind. Die einzige Ausnahme ist der Guadalquivir zwischen Sevilla und dem Atlantik. Dieser Abschnitt ist auch für Hochseeschiffe befahrbar. Die zahlreichen Stauseen im Landesinneren werden aber für den Wassersport genutzt. Im Rahmen der Expo 2008 wurde im Stadtgebiet von Saragossa ein Personenschiffsverkehr auf dem Ebro eingerichtet.[20]

Bahnnetz

Spanischer Hochgeschwindigkeitszug AVE S-102

Das Bahnnetz (traditionell Breitspur) der staatlichen Eisenbahngesellschaft RENFE wird durch ein normalspuriges Hochgeschwindigkeitsnetz (AVE, 2056 Kilometer Streckennetz[21]) ergänzt. Das Fernverkehrssystem wird *Grandes Líneas* genannt, der AVE ist hiervon ausgenommen. Die RENFE betreibt in den Ballungszentren lokale S-Bahn-Netze, die sogenannten *Cercanías*. In folgenden Regionen gibt es *Cercanías*-Netze: Asturias, Barcelona, Bilbao, Madrid, Málaga, Murcia/ Alicante, Santander, San Sebastián, Saragossa, Sevilla und Valencia. Schmalspurstrecken werden sowohl von den regionalen Gesellschaften SFM, EuskoTren, FGC und FGV, als auch von der staatlichen FEVE betrieben.

Die spanischen Fernverkehrszüge der *Grandes Líneas* werden in Tag- und Nachtzüge unterschieden. Tagzüge sind der Alaris, *Altaria*, *Arco*, Euromed, Talgo, *Intercity* und *Diurno*. Nachtzüge sind der *Trenhotel* und *Estrella*. Diese Zugtypen unterscheiden sich in ihrer Bauart und fahren auf festgelegten Strecken. Eine Klassifizierung nach der Zug-Geschwindigkeit und Haltepunktdichte wie im deutschen Sprachraum gibt es in Spanien nicht. Fahrkarten werden nicht für eine Strecke, sondern für ein Produkt verkauft.

Die Städte Barcelona, Bilbao, Madrid und Valencia verfügen über U-Bahn- oder Metronetze, in Sevilla und Palma de Mallorca sind entsprechende Netze im Aufbau. Einige Städte wie Alicante, Bilbao, Teneriffa, Madrid und Barcelona besitzen neu eröffnete Straßenbahnnetze.

Flughäfen

Flughafen Madrid-Barajas: größter internationaler Verkehrsflughafen Spaniens

Etwa 40 spanische Städte verfügen über einen Flughafen für Verkehrsmaschinen. Die größten spanischen Fluggesellschaften sind Iberia, Spanair, Air Europa und Vueling. Die Flughäfen von Madrid und Barcelona befinden sich – bezogen auf die Passagierzahlen – unter den zehn größten europäischen Flughäfen. Zwischen den Flughäfen Madrid und Barcelona gibt es eine Luftbrücke, *puente aéreo*: zwischen 7 und 23 Uhr starten in sehr kurzem Zeitabstand zahlreiche Flüge.

Die *puente aéreo* wird von der spanischen Fluggesellschaft Iberia betrieben.

Energiewirtschaft

Primärenergieverbrauch nach Energieträgern

Die wichtigste Energiequelle Spaniens ist das Erdöl, welches 48,8 % der Primärenergie liefert. Insgesamt machen fossile Brennstoffe (Erdöl, Erdgas und Kohle) rund 80,5 % der verbrauchten Primärenergie aus. Im Jahr 2009 mussten 77 % der Primärenergiequellen importiert werden.[22]

Energieträger	2009 (%)	1994 (%)
Erdöl	48,8	53,5
Erdgas	23,8	6,7
Kernenergie	10,5	14,8
Erneuerbare Energie	9,4	6,5
Kohle	7,9	18,4

Stromerzeugung

Elektrische Energie machte im Jahr 2009 21,5 % der verbrauchten Endenergie aus. Im Jahr 2010 wurden in Spanien 288.563 GWh Strom erzeugt. Der größten Anteil (23 %) davon wurde in Gas-und-Dampf-Kombikraftwerken produziert, weitere 7 % stammten aus Kohlekraftwerken. Die insgesamt sechs Kernkraftwerke lieferten 22 %, 16 % stammten aus Windkraftanlagen, weitere 16 % aus Wasserkraftwerken und 2 % aus Solaranlagen.[23] . Spanien ist mit 43.692 GWh (2010) inzwischen zum größten europäischen Erzeuger von Windenergie geworden und hat darin die Bundesrepublik Deutschland überholt[23] . Als Anhaltspunkt sei vermerkt, dass der Gesamtenergiebedarf von Katalonien zwischen 4.000 und 7.000 MW (Spitzenbedarf) liegt.

Energieart	Anteil (%) 2010
Gas-und-Dampf-Kombikraftwerk	23
Kernenergie	22
Wasserkraft	16
Windenergie	16
Kohle	7
Solarenergie	2
Erdöl, Erdgas	1
Rest	13

In Kraftwerken des Typs Gas-und-Dampf-Kombikraftwerk wird hauptsächlich Gas verwendet. Unter die restlichen Energiarten fallen erneuerbare Energien (2 %) und sonstige Energieformen „energias cogenerativas“.[23]

Kernenergie

In Spanien sind derzeit sechs Kernkraftwerke mit acht Reaktorblöcken und einer installierten Bruttoleistung von insgesamt 7716 MW am Netz.

1983 wurde ein Moratorium verabschiedet, welches den Atomausstieg einleiten sollte. Auch nach 1983 wurden noch mehrere Reaktorblöcke fertig gestellt, jedoch wurden Neubaupläne verschoben und im Jahr 1994 endgültig verworfen. In dieser Legislaturperiode hat die Regierungspartei (sozialistische Partei) eine Kehrtwende vollzogen. Die Laufzeit des ältesten noch aktiven Kraftwerks La Garona wurde bis 2014 verlängert[24] . Am 15. Februar 2011 hat das spanische Parlament eine Gesetzesänderung beschlossen, nach der die auf 40 Jahre festgesetzte Höchstbetriebsdauer der Kernkraftwerke aufgehoben wird [25]

In Spanien gibt es Gesetze, die den weiteren Ausbau der Kernenergie untersagen.[26]

Erneuerbare Energien

Die Stromerzeugung aus erneuerbaren Energiequellen erlebte in jüngster Zeit in Spanien einen Aufschwung. Im Jahr 2010 stammten 35,4 % des erzeugten Stromes aus erneuerbarer Energie. Mit einer installierten Windenergiekapazität von 20.203 MW (2010 [23]) liegt Spanien, hinter China, den USA und Deutschland, an vierter Stelle weltweit. Ebenfalls einen Aufschwung erlebt derzeit die Solarenergie, so liegt die installierte Kapazität aus Photovoltaikanlagen derzeit bei 3.643 MW (2010), ein Anstieg von über 400 Prozent verglichen zu 2007. Ebenso befinden sich mit Andasol 1 und Andasol 2 (je 50 MW) die derzeit größten Sonnenwärmekraftwerke Europas in Spanien; ein drittes, baugleiches Kraftwerk mit identischer Leistung (Andasol 3) an gleicher Stelle ist seit 2009 in Bau. Im Jahr 2010 war eine Kapazität von 682 MW aus Sonnenwärmekraftwerken installiert.[23]

Wirtschaft

Mit dem Plan de Estabilización, dem demokratischen Wandel in der Zeit nach 1975, dem Beitritt zur Europäischen Gemeinschaft im Jahr 1986 und der Teilnahme an der Europäischen Wirtschafts- und Währungsunion hat Spanien die Grundlage für einen langanhaltenden wirtschaftlichen Aufschwung gelegt. Die Industrie des Landes wurde sukzessive liberalisiert und modernisiert. Hieraus sind einige international erfolgreich agierende Unternehmen hervorgegangen, zum Beispiel Iberia, Seat, Telefónica, Zara oder Endesa. Die Öffnung Spaniens für den internationalen Wettbewerb zog umfangreiche ausländische Direktinvestitionen nach sich.

Die drei größten Verlagsgruppen sind Grupo Vocento, die italienische RCS MediaGroup und PRISA.

Mit 81.880 Mitarbeitern (Ende 2006) befindet sich die weltgrößte Genossenschaft im Land, die Mondragón Corporación Cooperativa.

Die Schattenwirtschaft hat an der Wirtschaft einen Anteil von 21,5 % des BIP [27] .

Die Verschuldung der öffentlichen Haushalte betrug im Jahre 2010 9,24 % des Bruttosozialproduktes. Damit wurde der von der Europäischen Union vorgegebene Grenzwert von 9,3 % geringfügig unterschritten [28]

Das Wachstum der vergangenen Jahre wurde wesentlich durch einen Immobilienboom getragen, mit dem die durchschnittliche Verschuldung pro Person schon 2005 auf 125 Prozent des Jahreseinkommens anstieg, das war dreimal mehr als vor einer Dekade.[29]

Die Immobilienblase platzte im Verlauf der Finanzkrise ab 2007. Da die spanischen Banken fast nur Darlehen mit variablem Zins vergeben und so das Zinsrisiko auf die Kreditnehmer abwälzen und die Banken durch strikte Regulierung kaum in den Verfall der forderungsbesicherten Wertpapiere verstrickt sind, galten die spanischen Banken lange als relativ gesund.

Da aber der Immobiliensektor fast ein Drittel des BIP erwirtschaftete, wirkte sich der Crash deutlich auf die Wirtschaft aus. Da gleichzeitig die Immobilienpreise stark gefallen sind, im ersten Quartal 2009 im Vergleich zum Vorjahresquartal um 6,8 %,[30] sind sehr viele Haushalte überschuldet. So stiegen auch die Kreditausfälle um das Vierfache an, die Ausfallrate liegt nach offiziellen Angaben bei 5 %. In Spanien kostet eine Immobilie das 7,2-fache des durchschnittlichen Jahreseinkommens eines Haushalts. In Großbritannien kosteten sie nur das 4,6-fache und in den USA lediglich das dreifache. Der spanische Markt gilt somit weiterhin als deutlich überteuert, so dass ein andauernder Preisverfall zu erwarten ist.

Die Arbeitslosenquote betrug auf der Grundlage der Berechnung der Europäischen Union im März 2011 saisonbereinigt 20,7 %, ein ähnlich hoher Wert wie in den frühen 90er Jahren.[31] 2006 lag sie noch bei 7,6 %,[32] im November 2008 bei 13,4 %. Damit erreicht die Arbeitslosenquote aktuell den höchsten Stand in der Europäischen Union. Gleichzeitig stieg auch die Arbeitslosenquote der unter 25-Jährigen auf 44,6 % (März 2011), ebenfalls der höchste Stand in der Europäischen Union.[33]

Im März 2009 musste die regionale Sparkasse Caja Castilla la Mancha mit einem Milliardenkredit von der Zentralbank gestützt werden. Das Institut soll bis zu neun Milliarden Euro an Liquiditätshilfen erhalten, für die die Regierung eine Garantie abgibt.[34]

Währung

Die Währung in Spanien ist seit dem 1. Januar 1999 der Euro, der wie in allen Ländern der Eurozone ab 2002 die bisherige landeseigene Währung (Peseten) auch als offizielles Zahlungsmittel ersetzte. Der Wechselkurs zur vorigen Währung, *pesetas* (Pts) oder *singular* (Pta), betrug: 1 € = 166,386 Pts beziehungsweise 1 Pts = 0,6010 €-Cent. Nach wie vor werden noch Preise in Peseten angegeben, gerade bei teuren Gütern, die nicht allzu häufig gekauft werden, wie Autos oder Wohnungen. Als großzügig abkürzende Größenordnung werden hierbei gerne Millionen Pts, *Million Pesetas* verwendet: so kostet zum Beispiel eine Wohnung in der Umgangssprache 25 Mio. Pts oder ein Auto 2 Mio. Pts. 1.000.000 Pts entsprechen 6.010,13 €, also rund 6000 €.

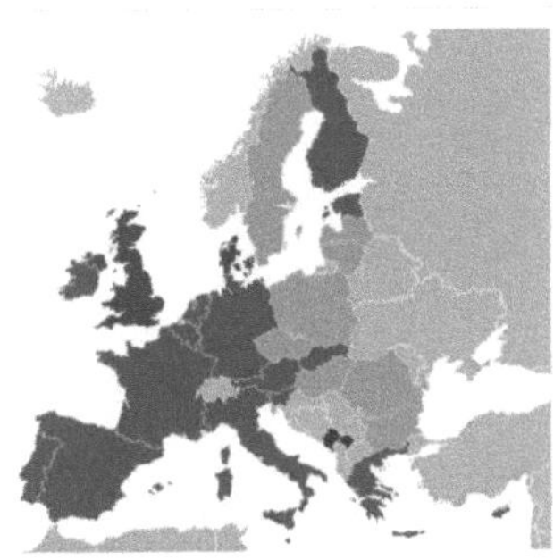

Spanien ist Teil des Europäischen Binnenmarkts. Zusammen mit 16 EU- Mitgliedstaaten (blau) bildet es eine Währungsunion, die Eurozone.

500 Peseten entsprechen ziemlich genau 3 Euro (3,0051). Daher kann mit Dividieren durch 1000 und anschließendem Multiplizieren mit 6 recht einfach von Peseten auf Euro umgerechnet werden.

In Gesprächen wird gelegentlich noch die Währungseinheit *Duro* benutzt. Ein *Duro* entspricht 5 Peseten, also ungefähr 3 Cent. Um von Euro auf *Duro* umzurechnen, reicht es, den Eurobetrag durch 3 zu dividieren und anschließend zwei Nullen anzuhängen (oder mit 100 multiplizieren). Während der Umstellungsphase auf den Euro wurden die Spanier mit der eingängigen Devise *Vom Duro zum Euro* auf die neue Währung eingestimmt.

Bruttoinlandsprodukt

Nach Angaben des Internationalen Währungsfonds ist Spanien die zwölftgrößte Volkswirtschaft weltweit. Das BIP wird im Jahre 2011 voraussichtlich um 0,8 % wachsen, für 2012 sind 1,6 % Wachstum vorausgesagt [35] . Das BIP pro Kopf lag 2009 bei 32.030 US-Dollar.[36]

Die Struktur der spanischen Wirtschaft weist eine für Industrienationen typische Verteilung auf

- 68 % Dienstleistungen
- 20 % verarbeitende Industrie
- 9 % Bauwirtschaft
- 3 % Landwirtschaft.

Wichtigste Wirtschaftszweige der spanischen Wirtschaft sind der Tourismus, das Bauwesen, die Kommunikations- und Informationstechnik, metallverarbeitende Industrie, Maschinenbau, Landwirtschaft und Petrochemie.

Die Inflationsrate betrug im Dezember 2008 1,5 %.[37] . Im Jahre 2010 ging das Bruttoinlandsprodukt um 0,1 % zurück [38] .

BIP pro Kopf nach Autonomer Gemeinschaft

> Spanien ist auch geprägt von großen wirtschaftlichen Unterschieden zwischen den einzelnen Autonomen Gemeinschaften. In stark industrialisierten Regionen wie dem Baskenland, Madrid, Navarra oder Katalonien, lag das BIP pro Kopf ausgedrückt in Kaufkraftstandards im Jahr 2009 zwischen 21 und 38 Prozent über dem Schnitt der Europäischen Union, während die eher landwirtschaftlich geprägten Regionen wie beispielsweise Extremadura, Kastilien-La Mancha oder Andalusien nur zwischen 75 und 79 Prozent des EU-Durchschnitts erreichten.[39]

Pos.	Autonome Gemeinschaft	BIP/Kopf, KKS, (EU27=100) (2009)	BIP/Kopf in € (Nominal) (2009)
1.	Baskenland	138	30.683
2.	Madrid	136	30.142
3.	Navarra	133	29.495
4.	Katalonien	121	26.863
5.	La Rioja	112	24.811
6.	Aragonien	111	24.656
7.	Balearische Inseln	111	24.580
8.	Kantabrien	104	23.111
–	Spanien	103	22.946
9.	Kastilien-León	101	22.475
10.	Ceuta	101	22.456
–	EU27	100	23.546
11.	Asturien	97	21.512
12.	Melilla	96	21.441
13.	Valencia	91	20.295
14.	Galicien	90	20.056
15.	Kanarische Inseln	89	19.792
16.	Murcia	84	18.731
17.	Kastilien-La Mancha	79	17.573
18.	Andalusien	79	17.498
19.	Extremadura	75	16.590

Tourismus

Spanien steht nunmehr (2011) nach Frankreich, den USA und China mit 53 Millionen Besuchern an der vierten Stelle in der Reisestatistik.[40] Zum Vergleich : Im Jahre 2005 waren es noch 55,6 Millionen ausländische Touristen..

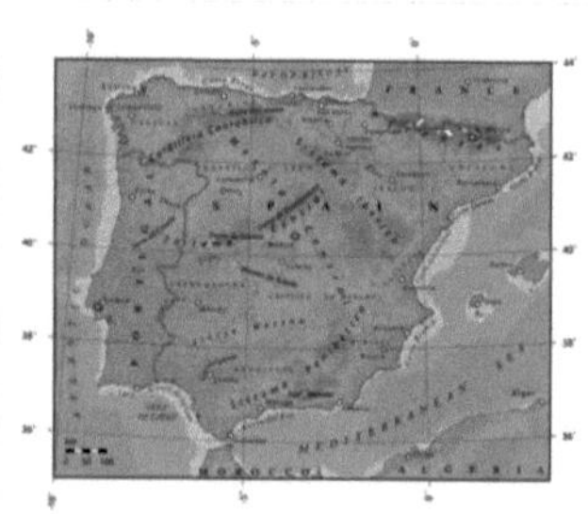

Spaniens Küsten

Katalonien ist das wichtigste touristische Ziel in Spanien: 25,3 % aller Touristen sind dorthin gereist, 12,7 % mehr als im Vorjahr. Zweitwichtigstes Touristenziel sind die Balearen, sie wurden von 9,4 Millionen Touristen besucht, 1 % mehr als im Vorjahr. Danach kommen Andalusien mit 7,6 Millionen Touristen (1,3 % mehr) und das Land Valencia mit 4,8 Millionen (9,5 % mehr).

Beliebte Reiseziele (mit viel besuchten Orten) sind :

- Pyrenäen
- Balearen
- Kanarische Inseln
  - Teneriffa
- Costa Brava

    - Barcelona
    - Girona
    - Lloret de Mar
    - Rosas
- Costa Dorada
    - Salou
- Costa del Sol
- Costa de la Luz
- Costa Blanca
    - Benidorm
    - Denia
- Sierra Nevada
- Costa Verde

Badetourismus auf Mallorca

Die Sierra Nevada: *Pico del Veleta*

Landwirtschaft

54 % der Landesfläche werden landwirtschaftlich genutzt, Bewässerungsfeldbau wird auf etwa 20,1 % der Anbaufläche betrieben. 144.000 Quadratkilometer der Landesfläche sind bewaldet. In Spanien werden folgende Agrarprodukte produziert: Getreide (vor allem Weizen und Mais), Gemüse, Oliven, Weintrauben, Zuckerrüben, Zitrusfrüchte wie Orangen und Zitronen, Fleisch (u. a. Schafe, Ziegen, Kaninchen und Geflügel), Milchprodukte (z. B. Manchego-Käse), Seefisch und Meeresfrüchte. Spanien ist zudem seit 2004 das einzige europäische Land mit einer signifikanten transgenen Anbaufläche (vor allem genveränderter Mais).

Wohnungen

Viele spanische Familien haben neben einer Wohnung in der Stadt ein Wochenendhaus auf dem Land oder am Meer. Nach Zahlen der Banco de España gab es Ende 2005 in Spanien rund 23,7 Millionen Wohnungen (spanisch *Piso*) und 15,39 Millionen Haushalte. Damit kommen auf einen spanischen Haushalt 1,54 Wohnungen, die höchste Rate der Welt. 85 % der spanischen Wohnungen werden von ihren Eigentümern bewohnt, 15 % vermietet.

Der spanische Durchschnittspreis für eine neue Wohnung beträgt 2510 €/m² (Dezember 2005). Die Wohnungspreise sind aber regional unterschiedlich

Wirtschaftskennzahlen

Die wichtigen Wirtschaftskennzahlen Bruttoinlandsprodukt, Inflation, Haushaltssaldo und Außenhandel entwickelten sich in den letzten Jahren folgendermaßen:

Veränderung des Bruttoinlandsprodukts (BIP), real										
in % gegenüber dem Vorjahr										
Jahr	2000	2001	2002	2003	2004	2005	2006	2007	2008	2009
Veränderung in % gg. Vj.	5,0	3,5	2,7	3,0	3,1	3,4	3,9	3,7	1,2	-3,7
Quelle: bfai[41]									~ = geschätzt	

Entwicklung des BIP (nominal)											
absolut (in Mrd. Euro)						je Einwohner (in Tsd. Euro)					
Jahr	2005	2006	2007	2008	2009	Jahr	2005	2006	2007	2008	2009
BIP in Mrd. Euro	906	976	1049	1088	1051	BIP je Einw. (in Tsd. Euro)	20.921	22.352	23.173	24.020	22.886
Quelle: bfai[41]										~ = geschätzt	

Entwicklung der Inflationsrate						Entwicklung des Haushaltssaldos					
in % gegenüber dem Vorjahr						in % des BIP („minus“ = Defizit im Staatshaushalt)					
Jahr	2005	2006	2007	2008	2009	Jahr	2005	2006	2007	2008	2009
Inflationsrate	3,4	3,6	2,8	4,1	-0,3	Haushalts-saldo	1,2	2,0	2,2	-4,1	-11,2
Quelle: bfai[41]										~ = geschätzt	

Haupthandelspartner (2009)			
Ausfuhr (in %) nach		Einfuhr (in %) von	
Frankreich	19,0	Deutschland	14,4
Deutschland	11,1	Frankreich	12,0
Portugal	9,1	Italien	7,1
Italien	8,1	China	7,1
Großbritannien	6,3	Großbritannien	4,7
USA	3,6	USA	4,1
sonstige Länder	42,8	sonstige Länder	50,6
alle EU-Länder zusammen	55,0	alle EU-Länder zusammen	54,9
Quelle: bfai[41]			

Hauptprodukte des Außenhandels (2009)			
Ausfuhrgüter (Anteil in %)		**Einfuhrgüter (Anteil in %)**	
Halbfabrikate	50,8	Halbfabrikate	60,9
Nahrungsmittel	13,5	Investitionsgüter	8,0
Kraftfahrzeuge	11,8	Nahrungsmittel	7,0
Quelle: bfai[41]			

Entwicklung des Außenhandels								
in Mrd. Euro und seine Veränderung gegenüber dem Vorjahr in %								
	2006		**2007**		**2008**		**2009**	
	Mrd. Euro	% gg. Vj.	Mrd. Euro	% gg. Vj.	Mrd. Euro	% gg. Vj.	bMrd. Euro	% gg.Vj.
Einfuhr	260	12,8	280	7,6	282	0,7	208	-26,2
Ausfuhr	170	5,8	181	7,1	188	3,7	158	-18,3
Saldo	- 90		- 99		- 94		- 50	
Quelle: bfai[41]								

Staatshaushalt

Der Staatshaushalt umfasste 2009 Ausgaben von 483 Mrd. Euro, dem standen Einnahmen von 366 Mrd. Euro gegenüber. Daraus ergibt sich ein Haushaltsdefizit in Höhe von 117 Mrd. Euro beziehungsweise 11,1 % des BIPs.[42] Die Staatsverschuldung betrug 2009 560,6 Mrd. Euro oder 53,2 % des BIP.[42]

Quelle: Eurostat[43]

Jahr	**2000**	**2001**	**2002**	**2003**	**2004**	**2005**	**2006**	**2007**	**2008**	**2009**
Staatsverschuldung	59,3 %	55,5 %	52,5 %	48,7 %	46,2 %	43,0 %	39,6 %	36,1 %	39,8 %	53,2 %
Haushaltssaldo	-1,0 %	-0,6 %	-0,5 %	-0,2 %	-0,3 %	1,0 %	2,0 %	1,9 %	-4,2 %	-11,1 %

Kultur

Miguel de Cervantes Saavedra (1547–1616) gilt als Nationaldichter Spaniens

Jahr	Anzahl
1975	110
1985	77
1995	59
2005	142

|+ Spanische Kinospielfilmproduktion[44]

- Literatur: Miguel de Cervantes, Tirso de Molina, Lope de Vega, Pedro Calderón de la Barca, Francisco de Quevedo, Baltasar Gracián, Rosalía do Castro, José Zorrilla, Federico García Lorca, Camilo José Cela
- Musik: Tomás Luis de Victoria, Antonio de Cabezón, Flamenco, Manuel de Falla, Paco de Lucía, Joaquín Rodrigo, Ernesto Halffter
- Film: Luis Buñuel, Carlos Saura, Pedro Almodóvar, Fernando Trueba, Alejandro Amenábar
- Malerei: Francisco de Zurbarán, Diego Velázquez, Bartolomé Esteban Murillo, Alonso Cano, Francisco de Goya, Joaquín Sorolla y Bastida, Pablo Picasso, Salvador Dalí, Antoni Tápies
- Bildhauerei: Joan Miró, Eduardo Chillida, José Álvarez Cubero, Julio González
- Architektur: Antoni Gaudí, Santiago Calatrava, César Manrique, Ricardo Bofill, Juan Bautista de Toledo, Rafael Moneo
- Mode und Kleidung: Cristóbal Balenciaga, Manolo Blahnik, Amaya Arzuaga, Custo Dalmau, Paco Rabanne, Mantilla

Ein typisch spanisches Spektakel ist der Stierkampf. Nach Meinung seiner Anhänger ist er als eine Kunst anzusehen, in der Eleganz und Ästhetik eine wichtige Rolle spielen. In den Augen vieler Kritiker stellt er eine archaische und brutale Tradition dar, die es aufgrund der mit ihr verbundenen Tierquälerei nicht wert sei, in ihrer heutigen Form fortgeführt zu werden.

Medien

Die meisten überregionalen Tageszeitungen erscheinen in der Hauptstadt Madrid: *El País* (durchschnittliche Auflage im Jahr 2003 rund 561.000 Exemplare, gehört zur Mediengruppe PRISA), *El Mundo* (379.000), *ABC* (346.000) und *La Razón* (205.000). In Barcelona erscheinen *La Vanguardia* (240.000) und die wichtige regionale katalanische Zeitung *El Periódic* (221.000; auch spanischsprachig als *El Periódico*). Von Bedeutung sind auch täglich erscheinende Sport-Medien wie *Marca* (549.000) und *As* (303.000), die meisten Spanier lesen Regionalzeitungen, fast jede größere Stadt im Land hat hier ein Angebot, beispielsweise Diario de Sevilla oder auch Diario de Mallorca.

Zur Rundfunkanstalt Radiotelevisión Española (RTVE) gehört unter anderem auch das spanische Fernsehen Televisión Española (TVE). Dieses betreibt die Sender, *TVE 1*, *TVE 2* und den Auslandsdienst*TVE Internacional* mit mehreren Sendern. Private TV-Programme sind *Antena 3*, *Telecinco* sowie seit dem 7. November 2005 Cuatro und seit dem 27. März desselben Jahres La Sexta. Das Fernsehprogrammangebot wird durch regionale Fernsehsender abgerundet. Im Bereich des digitalen Fernsehens gibt es die Angebote *Digital+* und *Auna*. Der ehemals teilweise frei empfangbare Sender Canal+, der durch Cuatro ersetzt wurde, ist in das *Digital+*-Angebot eingegangen.

Das öffentlich rechtliche Fernsehen und Radio wurden 2010 in einer Höhe von 2289 Millionen Euros staatlich subventioniert. [45]

Sport

Fußball ist in Spanien der mit Abstand wichtigste Publikums- und auch ein viel betriebener Breitensport. Die bekanntesten Vereine sind Real Madrid und der FC Barcelona, die zu den erfolgreichsten Fußballklubs Europas gehören. Weitere bekannte Klubs sind der FC Valencia, Atlético Madrid, Athletic Bilbao, Real Saragossa oder der FC Sevilla. Die Nationalmannschaft konnte bislang zwei Europameisterschaften für sich entscheiden, 1964 im eigenen Land und 2008 in Österreich und der Schweiz. 2010 wurde Spanien zum ersten mal Fussballweltmeister.

Die Spanische Fußballnationalmannschaft nach dem Gewinn der Europameisterschaft 2008

Weitere beliebte Mannschaftssportarten sind Basketball, Handball, Feldhockey, Futsal, Volleyball und Wasserball, an den Universitäten erfreut sich außerdem Rugby großer Beliebtheit. Vor allem in den Regionen Katalonien und Galicien wird auch der Rollhockeysport zahlreich betrieben.

Auch Motorsport ist in Spanien sehr beliebt. Beim Rennsport für Straßenmotorräder brachte das Land internationale Stars wie Ángel Nieto, Jorge Martínez "Aspar" oder Àlex Crivillé hervor. Die derzeit bekanntesten aktiven Fahrer sind Dani Pedrosa, Jorge Lorenzo, Álvaro Bautista, Toni Elías, Julián Simón, Marc Márquez und Nicolás Terol, die alle bereits Weltmeistertitel gewinnen konnten. Der spanische Motorradhersteller Derbi konnte zwölf Fahrerweltmeisterschaften und neun Konstrukteurswertungen für sich entscheiden, die Marke Bultaco errang vier Fahrer- und drei Konstrukteurswertungen. Weitere beliebte Motorsportarten sind Rallye, Rallye Raid und Motorrad-Trial. Die Formel 1 führte in Spanien lange ein Schattendasein, dies änderte sich jedoch schlagartig durch die Erfolge von Fernando Alonso, der 2005 und 2006 die Weltmeisterschaft gewinnen konnte.

Radsport erfreut sich sowohl als Breiten- als auch als Profisport großer Beliebtheit. Mit Miguel Indurain, Federico Bahamontes, Luis Ocaña Pernia, Pedro Delgado, Óscar Pereiro, Alberto Contador und Carlos Sastre verfügt Spanien über sieben Tour de France-Sieger. Auch der mehrfache Weltmeister Óscar Freire ist ein Begriff. Ein großes Radsportereignis ist die Vuelta, weitere international beachtete Rennen sind die Baskenland-Rundfahrt, die Katalonien-Rundfahrt und das Clásica San Sebastián.

Der bedeutendste Individualsport ist Tennis. Zu den international bekanntesten Spielern zählen Manuel Santana, Sergi Bruguera, Arantxa Sánchez Vicario, Conchita Martínez oder der noch aktive Rafael Nadal. Den Davis Cup gewann Spanien bisher fünf Mal, den Fed Cup ebenso oft und den Hopman Cup drei Mal.

Auch beliebt ist Padel, ein relativ neues, dem Tennis ähnliches Spiel, und Golf wo bekannte Profis wie Severiano Ballesteros, José María Olazábal oder Sergio García zu nennen sind. Im Nordosten Spaniens wird Pelota, der baskische Nationalsport, und in der Region Valencia Pilota Valenciana gespielt.

Nationale Feiertage

In Spanien werden für jedes Jahr 14 Feiertage definiert. Einige hiervon sind staatlich, einige werden von der Autonomen Gemeinschaft bestimmt, je ein Feiertag von der Provinz (in der Regel der Schutzpatron der Provinz) und ein Feiertag von der Gemeinde beziehungsweise vom Ort (in der Regel der Schutzpatron der Gemeinde). Die Feiertage werden jährlich für das Folgejahr von jeder Autonomen Gemeinschaft veröffentlicht und können variieren. Fällt ein Feiertag auf einen Sonntag, ist der darauf folgende Montag arbeitsfrei.

Folgende Tage sind in der Regel Feiertage, können aber je nach Jahr oder Autonomer Gemeinschaft ausfallen oder ersetzt werden:

- 1. Januar – *Neujahr*
- 6. Januar – *Heilige Drei Könige* und Epiphanias
- 19. März – *St. Josef* San José
- März/April – *Gründonnerstag*
- März/April – *Karfreitag*
- 1. Mai – *Tag der Arbeit*
- 25. Juli – *St. Jakobus der Ältere*, Schutzpatron Spaniens (*Santiago*)
- 12. Oktober – *Nationalfeiertag* (*Día de la Hispanidad / El Pilar*), anlässlich der Entdeckung Amerikas durch Christoph Kolumbus
- 1. November – *Allerheiligen*
- 6. Dezember – *Tag der Verfassung* (*Día de la Constitución*), anlässlich der Annahme der Verfassung im Jahre 1978
- 8. Dezember – *Unbefleckte Empfängnis* (*Inmaculada Concepción*)
- 25. Dezember – *Weihnachten*

Beispiel für regionale Feiertage:

- 24. Juni – *Johannistag* (spanisch *San Juan*) zum Beispiel in Katalonien
- März/April – *Ostermontag* zum Beispiel im Baskenland
- 28. April – *San Prudencio* in der Provinz Álava (Schutzpatron der Provinz)
- 15. Mai – *San Isidro* in der Stadt Madrid (Schutzpatron der Stadt)

Siehe auch

- Spanischer Name
- Liste der Städte in Spanien
- Tourismus in Spanien
- Kfz-Kennzeichen (Spanien)
- Postleitzahl (Spanien)
- Spanische Küche
- Weinbau in Spanien

Literatur

- Walther L. Bernecker (Hrsg.): *Spanien-Handbuch. Geschichte und Gegenwart.* Francke, Tübingen 2006, ISBN 3-8252-2827-4 (UTB 2827).
- Walther L. Bernecker (Hrsg.): *Spanien heute. Politik - Wirtschaft - Kultur.* 5. Auflage. Vervuert, Frankfurt am Main 2008, ISBN 3-86527-418-8.
- Toni Breuer: *Iberische Halbinsel. Geographie, Geschichte, Wirtschaft, Politik.* Wissenschaftliche Buchgesellschaft, Darmstadt 2008, ISBN 978-3-534-14785-4.
- René Alexander Marboe: *Von Burgos nach Cuzco. Das Werden Spaniens 530–1530.* Magnus, Essen 2006, ISBN 3-88400-601-0.
- Henri Stierlin: *Die Welt Spaniens.* Gondrom, Bayreuth 1982, ISBN 3-8112-0301-0 (geschichtliche Darstellung mit dem zeitlichen Schwerpunkt vom klassischen Altertum bis zum Barock).
- Sarah Mongourdin-Denoix: *Spain: a country profile* [46] (PDF, 640.33 Kb, 40 S.), Eurofound, 19. Januar 2010

Einzelnachweise

[1] *Official population figures. Statistical use of the Register.* (http://www.ine.es/en/prensa/padron_prensa_en.htm) Abgerufen am 13. Januar 2012 (en).

[2] *Gesamtfruchtbarkeitsrate* (http://epp.eurostat.ec.europa.eu/tgm/table.do?tab=table&init=1&language=de&pcode=tsdde220&plugin=1) In: Eurostat, abgerufen am 17. Juli 2011

[3] *La población mayor de 80 años creció un 66% en los últimos 15 años y suma dos millones de personas.* (http://www.elpais.com/articulo/sociedad/poblacion/mayor/anos/crecio/66/ultimos/anos/suma/millones/personas/elpepusoc/20070619elpepusoc_3/Tes) Aumenta la esperanza de vida, que alcanza los 79,7 años. El Pais, 19. Juni 2007, abgerufen am 3. Mai 2011 (es, Lebenserwartung in Spanien).

[4] *95% der Schüler der Sekundärstufe II in der EU27 lernten Englisch als Fremdsprache im Jahr 2009* (http://epp.eurostat.ec.europa.eu/cache/ITY_PUBLIC/3-26092011-AP/DE/3-26092011-AP-DE.PDF), Eurostat-Pressemitteilung vom 26. September 2011 (PDF)

[5] *Población por sexo, nacionalidad y país de nacimiento.* (http://www.ine.es/jaxi/tabla.do?path=/t20/e245/p04/a2011/l0/&file=00000009.px&type=pcaxis&L=0) In: *Instituto Nacional de Estadística.* Abgerufen am 13. Januar 2012 (es).

[6] *Ausländische Staatsangehörige machten 6,5% der EU27 Bevölkerung im Jahr 2010 aus.* (http://epp.eurostat.ec.europa.eu/cache/ITY_PUBLIC/3-14072011-BP/DE/3-14072011-BP-DE.PDF) In: *Eurostat.* Abgerufen am 17. Juli 2011 (PDF, en).

[7] www.ine.es 27. April 2011 (PDF) (http://www.ine.es/en/prensa/np649_en.pdf)

[8] Jürgen Erbacher: *Schwere Mission im katholischen Spanien* (http://www.heute.de/ZDFheute/inhalt/25/0,3672,3954393,00.html). heute.de. 7. Juli 2006.

[9] *Barómetro de Marzo* (http://www.cis.es/cis/opencms/-Archivos/Marginales/2820_2839/2831/es2831.pdf#page=25) auf CIS, März 2010, abgerufen am 9. November 2010 (Spanisch)

[10] *El nuevo sistema de asignación tributaria en favor de la iglesia católica.* (http://www.conferenciaepiscopal.es/economia/SistemaFinanciacion.pdf) In: *Spanische Bischofskonferenz.* Abgerufen am 17. Februar 2010 (pdf, es).

[11] *El número de declaraciones a favor de la Iglesia Católica vuelve a aumentar en 2009.* (http://www.conferenciaepiscopal.es/actividades/2010/febrero_17.html) In: *Spanische Bischofskonferenz.* 17. Februar 2010, abgerufen am 17. Februar 2010 (es).

[12] *Asignación tributaria, Declaración de la Renta 2009.* (http://www.conferenciaepiscopal.es/economia/irpf2008.pdf) In: *Spanische Bischofskonferenz.* 17. Februar 2010, abgerufen am 17. Februar 2010 (pdf, es).

[13] https://www.agpd.es/portalweb/revista_prensa/revista_prensa/2008/notas_prensa/common/sept/np_080930_sentencia_TS.pdf (PDF, spanisch)

[14] http://www.sueddeutsche.de/,tt6m1/panorama/615/312529/text/

[15] http://pewglobal.org/reports/pdf/262.pdf

[16] *Statistische Auswertung.* (http://www.ine.es/jaxi/tabla.do?path=/t20/e260/a2009/l1/&file=ca001.px&type=pcaxis&L=1) In: *Instituto Nacional de Estadística.* Abgerufen am 22. Januar 2010 (en).

[17] *Statistische Auswertung.* (http://www.ine.es/jaxi/tabla.do?path=/t20/e260/a2009/l1/&file=ccaa01.px&type=pcaxis&L=1) In: *Instituto Nacional de Estadística.* Abgerufen am 22. Januar 2010 (en).

[18] Die Juden in der Welt: Spanien, Gallut Sfarad 2 (http://www.hagalil.com/galluth/spanien-2.htm); „(…) die zu dem Ausweisungsbefehl von 1492 führen. 300.000 Juden (nach anderen Quellen 800.000) haben in dreimonatiger Frist Spanien zu verlassen. Ein Drittel wendet sich nach Portugal, ein Drittel nach der Türkei, etwa 25.000 gehen nach den Niederlanden, ebenso viele dürften nach Nordafrika, vornehmlich nach Marokko, gegangen sein, der Rest verteilt sich auf Frankreich, Italien, Ägypten (…)"; Gallut Sfarad 2; Zugriff 11. August 2008

[19] Amnesty International: *Jahresbericht 1998 - Spanien* (http://www2.amnesty.de/internet/deall.nsf/51a43250d61caccfc1256aa1003d7d38/277ded49d4581b5fc1256aa0002eae27?OpenDocument)

[20] http://www.turismoebrofluvial.es/noticias.html

[21] The Independent (http://www.independent.co.uk/travel/news-and-advice/spanish-rail-overtakes-the-rest-of-europe-2163411.html) 19. Dezember 2010

[22] *La energía en España 2009.* (http://www.mityc.es/energia/balances/Balances/LibrosEnergia/Energia_2009.pdf#page=36) In: *mityc.es.* S. 36–41, abgerufen am 22. Oktober 2011 (PDF, es).

[23] *El sistema eléctrico español, informe 2010.* (http://www.ree.es/sistema_electrico/pdf/infosis/Inf_Sis_Elec_REE_2010.pdf#page=10) In: *Red Eléctrica de España.* S. 10, abgerufen am 22. Oktober 2011 (PDF, es).

[24] La Vanguardia, 20. März 2011

[25] La Vanguardia, 15. Februar 2011

[26] „Die Vorzüge der Kernenergie liegen auf der Hand“ | sciencegarden - Magazin für junge Forschung (http://www.sciencegarden.de/content/2007-06/die-vorzÃ¼ge-der-kernenergie-liegen-auf-der-hand), abgerufen am 12. Oktober 2008.

[27] http://www.elperiodico.cat/ca/noticias/economia/leconomia-submergida-representa-215-del-pib-1028006, Zahlen für den Zeitraum zwischen 2006 und 2008

[28] 20 Minutos, Mittwoch 2. März 2011, Seite 10

[29] *Bank of Spain Economic Bulletin 07/2005* (http://www.bde.es/informes/be/boleco/2005/be0507e.pdf) (PDF). Bank of Spain. Abgerufen am 13. August 2008.

[30] Reuters - *Immobilienpreise in Spanien im 1.Quartal im Rekordtempo gefallen* (http://de.reuters.com/article/economicsNews/idDEBEE53G0HV20090417)

[31] http://epp.eurostat.ec.europa.eu/cache/ITY_PUBLIC/3-29042011-AP/DE/3-29042011-AP-DE.PDF

[32] *Spain's Economy: Closing the Gap* (http://www.oecdobserver.org/news/fullstory.php/aid/1592/Spains_economy_.html), 15. August 2008, OECD (englisch)

[33] http://epp.eurostat.ec.europa.eu/cache/ITY_PUBLIC/3-29042011-AP/DE/3-29042011-AP-DE.PDF

[34] FTD - *Spanien muss erste Bank stützen* (http://www.ftd.de/unternehmen/finanzdienstleister/:Caja-Castilla-la-Mancha-Spanien-muss-erste-Bank-stützen/493904.html)

[35] El Punt, 12. April 2011, Seite 24

[36] *Report for Selected Countries and Subjects.* (http://www.imf.org/external/pubs/ft/weo/2010/02/weodata/weorept.aspx?sy=2008&ey=2015&scsm=1&ssd=1&sort=country&ds=.&br=1&pr1.x=49&pr1.y=12&c=184&s=NGDP_R,NGDP_RPCH,NGDP,NGDPD,NGDP_D,NGDPRPC,NGDPPC,NGDPDPC,NGAP_NPGDP,PPPGDP,PPPPC,PPPSH&grp=0&a=) Abgerufen am 3. Januar 2010.

[37] *eurostat Pressemitteilung Dezember 2008: Jährliche Inflationsrate der Eurozone auf 1,6 % gesunken.* (http://epp.eurostat.ec.europa.eu/pls/portal/docs/PAGE/PGP_PRD_CAT_PREREL/PGE_CAT_PREREL_YEAR_2009/PGE_CAT_PREREL_YEAR_2009_MONTH_01/2-15012009-DE-AP.PDF) Abgerufen am 23. Januar 2009.

[38] El Pais, 12/11/2010, Seite 27

[39] *Gross Domestic Product by Region. 2000-2009 Series Accounts for income of the household sector. 2000-2008 Series.* (http://www.ine.es/en/prensa/np640_en.pdf#page=4) In: *ine.es.* 30. Dezember 2010, S. 4, abgerufen am 3. Januar 2011 (PDF, en).

[40] http://www.spiegel.de/reise/aktuell/0,1518,741946,00.html

[41] Entwicklung des BIP von Spanien bfai, Wirtschaftsdaten kompakt 2010 (http://www.gtai.de/ext/anlagen/PubAnlage_7706.pdf)

[42] Bereitstellung der Daten zu Defizit und Verschuldung 2009 (http://epp.eurostat.ec.europa.eu/cache/ITY_PUBLIC/2-15112010-AP/DE/2-15112010-AP-DE.PDF)

[43] Finanzstatistik des Sektors Staat, Haupttabellen (http://epp.eurostat.ec.europa.eu/portal/page/portal/government_finance_statistics/data/main_tables)

[44] Weltfilmproduktionsbericht (Auszug) (http://www.fafo.at/download/WorldFilmProduction06.pdf), Screen Digest, Juni 2006, S. 205–207 (eingesehen am 15. Juni 2007, PDF)

[45] La Vangurdia, 29. Juni 2011, Seite 11

[46] http://www.eurofound.europa.eu/publications/htmlfiles/ef1008.htm

Weblinks

Offizielle Seiten aus Spanien

- Casa Real (http://www.casareal.es/)
- El Senado de España (http://www.senado.es/)
- Congreso de los Diputados (http://www.congreso.es/)
- Ministerio de Asuntos Exteriores y de Cooperación de España (http://www.mae.es/) („Außenministerium“)
- Spanische Botschaft in Deutschland (http://www.spanischebotschaft.de/)
- Deutsche Handelskammer für Spanien (http://www.ccape.es/)

Über Spanien

- Länderprofil (http://www.destatis.de/download/d/veroe/laenderprofile/lp_spanien.pdf) des Statistischen Bundesamtes
- Länder- und Reiseinformationen (http://www.diplo.de/Spanien) des Auswärtigen Amtes
- Aktuelle Nachrichten aus Spanien (Deutsch) (http://www.spanienaktuell.com/)
- Spanien-Lexikon und aktuelle Kulturtipps (Deutsch) (http://www.geotoura.com/a-z/index.php?info=a)
- Spaniens Allgemeine Zeitung (Deutsch) (http://www.saz-aktuell.com/)
- Spanien Bilder und News (Deutsch) (http://www.spanien-bilder.com/)
- Cibera - Virtuelle Fachbibliothek Ibero-Amerika / Spanien / Portugal (http://www.cibera.de/)
- Informationen über sämtliche spanische Gemeinden (Spanisch) (http://www.guiadeayuntamientos.info/)
- Deutsche Botschaft Madrid (http://www.madrid.diplo.de/)
- Neuste Schlagzeile Spanien (http://www.theworldpress.com/zeitungen/zeitungenspanien.htm)

Koordinaten: 39° 56′ N, 1° 48′ W

gag:İspaniya kbd:Эспаниэ koi:Эспання ltg:Spaneja rue:Іспанія xmf:ესპანეთი

Article Sources and Contributors

Antirrhinum grosii *Source*: http://de.wikipedia.org/w/index.php?title=Antirrhinum_grosii *Contributors*: Carstor, RLJ

Kelchblatt *Source*: http://de.wikipedia.org/w/index.php?title=Kelchblatt *Contributors*: Aglarech, Bodhi-Baum, Eckhart Wörner, Griensteidl, Halbarath, Heiner Brookman (Nawaro), Hubertl, Kku, Llonniznarf, Louis Bafrance, Martin1978, Martinl, Michawiki, Mike Krüger, Mikue, Mprusi, Numbo3, PetHer, Peterlustig, Phil41, RAFPeterM, Supermartl, Tigerente, Umehlig, Urbanus, Vic Fontaine, Widewitt, Wilske, Zerohund, , 14 anonymous edits

Pedicellus *Source*: http://de.wikipedia.org/w/index.php?title=Pedicellus *Contributors*: Brummfuss, Chelator, Denis Barthel, Gerbil, Grimmi59 rade, Hhdw, Necrophorus, PaulT, Supermartl, Uwe Gille

Tragblatt *Source*: http://de.wikipedia.org/w/index.php?title=Tragblatt *Contributors*: Denis Barthel, Density, Der Barbar, Don Magnifico, Flominator, Franz Xaver, Griensteidl, Jivee Blau, Kontos, Krüppelkiefer, Liliana-60, Mbc, Muscari, Phil41, Reinhardhauke, Rúna, Sahra1, Sr. F, Supermartl, W.alter, Wolfgang1018, 3 anonymous edits

Blatt_(Pflanze) *Source*: http://de.wikipedia.org/w/index.php?title=Blatt_%28Pflanze%29 *Contributors*: Achim Raschka, Aglarech, Ahoerstemeier, Aka, Alfred Nobel, Algirdas, Aragorn05, Augiasstallputzer, Avjoska, Avoided, Ayacop, BLueFiSH.as, BS Thurner Hof, Bgqhrsnog, Blah, Blaufisch, Brunch, BrunoBoehmler, CSp1980, Capaci34, Carstor, Chb, Chepry, Cholo Aleman, Chriki, ChrisHamburg, Christopher, Church of emacs, Cihanoecal, Complex, Conny, Cottbus, Denis Barthel, Density, Der.Traeumer, DerHexer, Diba, Dietzel, Don Magnifico, Drahkrub, Duvenstaat-Richard, Exil, Factumquintus, Fice, Flaovia, Flo 1, Fornax, Franz Xaver, Fredo 93, FritzG, Gardini, Geist, der stets verneint, Gerhard Elsner, Giftmischer, Glenn, Greifensee, Griensteidl, Gudrun Meyer, Gustavf, Hardcoreraveman, Hardenacke, Haruspex, Henning Ihmels, Herbertweidner, Howwi, HuckFinn, Hydro, Hystrix, Ies, Ilkay, IrmaBackhaus, JHeuser, JXN, Januscript, Je-str, Jeff Hardy9720, Jonas kl, Jonna, Karl-Henner, Kersti Nebelsiek, Kickof, Kiker99, Kku, Knueller, Kookaburra sits in the old gum tree, Korinth, LKD, Lambada, Lars Dragl, Leithian, Llonniznarf, Löschfix, Magnummandel, Magnus Manske, Martin Bahmann, Martin-vogel, Matt97Hardy, Mautpreller, Mbc, Mnolf, Morpheus2309, My name, Neitram, Nepenthes, Nepomucki, Neu1, Nf01, Nicolas G., Ninety Mile Beach, Numbo3, O.Koslowski, Oberfoerster, Olaf Studt, Olei, Paunaro, Peter200, PhJ, Phil41, Phrood, Pirschi1990, Polarlys, Popie, Regi51, Reinhard Kraasch, Ri st, Rico MD, RobKohl, Rüdiger, S.Didam, STBR, Saperaud, Schniggendiller, Schulzenator, SecretDisc, Seewolf, Septembermorgen, Sicherlich, Sigune, Sinn, Southpark, StephanGrein, StromBer, Supermartl, Thorbjoern, Tlustulimu, Tobias1983, TomCatX, Torben Schröder, Tönjes, Ulioceras, Ulm, Uwe Gille, W!B:, WAH, Wagner-ma, Wicket, Wildfeuer, Wolfgang1018, YourEyesOnly, Zapyon, Zirpe, 228 anonymous edits

Sprossachse *Source*: http://de.wikipedia.org/w/index.php?title=Sprossachse *Contributors*: AFBorchert, Aka, Aktionsheld, Aragorn05, Avoided, Ayacop, BJ Axel, Buteo, Bürger-falk, Conny, Dancer59, Don Magnifico, DrLee, Drahreg01, Dullnraamer, Engie, Ephraim33, Erschaffung, Eule, FMoeckel, Fice, Franz Xaver, Griensteidl, Hans Dunkelberg, Hedwig Storch, HenrikHolke, Hermannthomas, Howwi, Hydro, Hystrix, IKAl, Ies, Inkowik, Ireas, JFKCom, Jamfx, Jivee Blau, Jonna, Knoerz, Knopfkind, Krawi, Kubieziel, Liberaler Humanist, Liuthalas, Llonniznarf, MarkusHagenlocher, Matthias M., Mnh, MsChaos, Nagy+, Neuplatoniker, Nichtsichter, Nicolas17, Nockel12, Numbo3, Olaf Studt, Onkelkoeln, Peter200, PhJ, Pittimann, RalfDA, Regi51, Robert Weemeyer, S.lukas, Saethwr, Saperaud, Schlesinger, Schwammerl-Bob, Singsangsung, Splayn, Stützel, Supermartl, Svens Welt, Svobsi, Timk70, Tollsau, Tolot27, Tönjes, Ulz, Umehlig, Umweltschützen, Verplant, W!B:, W.alter, Wef, Wikijunkie, Wissen, 125 anonymous edits

Chamaephyt *Source*: http://de.wikipedia.org/w/index.php?title=Chamaephyt *Contributors*: Bdk, Daniel FR, Glenn, HaSee, Hi-Lo, Mike Krüger, Sdo, Snjeschok, Torben Schink, 1 anonymous edits

Wegerichgewächse *Source*: http://de.wikipedia.org/w/index.php?title=Wegerichgew%C3%A4chse *Contributors*: Aka, Blablapapa, Cactus26, Ciciban, Denis Barthel, Fice, Franz Xaver, Geaster, Gleiberg, Griensteidl, Hydro, Jonathan Groß, Kleinigkeiter, Michael w, Nicor, NobbiP, Phil41, Qualia, Rufus46, Seegraswiese, Seysi, Tigerente, Tintenherz12, Tresckow, Vitellaria, Wesener, Y, 5 anonymous edits

Löwenmäuler *Source*: http://de.wikipedia.org/w/index.php?title=L%C3%B6wenm%C3%A4uler *Contributors*: Aka, Avjoska, Bdk, Buntfalke, Cymothoa exigua, Die zuckerschnute, Ernsts, Franz Xaver, Frente, Mike Krüger, Muscari, Naddy, Neumeiko, NorbertNagel, Okin, Olaf Studt, Olei, Saehrimnir, Seysi, T34, Tigerente, Zbisasimone, Århus, 10 anonymous edits

Spanien *Source*: http://de.wikipedia.org/w/index.php?title=Spanien *Contributors*: 1001, 2deseptiembre, 3n3ko, 80686, A.Savin, ABF, ADK, Abc2005, Abdull, Aclockworkorange, Adlei, Aerocat, Ahanta, Aka, Akai Goth, Aktions, Alaska hal, AleS, Alexander Z., AlexdG, Alifaca, Alinaberns, Altaileopard, An-d, Anders Ohland, Andre Engels, Andrsvoss, André Schneider, Anhi, Antaios, Antemister, Ardo Beltz, Armin P., Atamari, Avoided, B. Wolterding, BK-Master, BLueFiSH.as, BRotondi, Bauch 18, Bdk, Ben-Zin, Bender235, BeneharoMencey, Berg2, BernardaAlba, BerndGehrmann, BesondereUmstaende, Björn Bornhöft, BlackHeart, Blaubahn, Bokpasa, Boonekamp, Bostontiegel, Breogan67, Bsmuc64, BuSchu, Bärski, Bücherwürmlein, C.Löser, C.lingg, Capaci34, Capriccio, Captain Blood, Carol.Christiansen, CarstenK, Carter666, CdaMVvWgS, Cherubino, Chigliak, Chris K, ChrisHamburg, Chrisfrenzel, Christian Scherm, ChristophLanger, Church of emacs, Common Senser, CommonsDelinker, Complex, Controlling, Conversion script, Crazymonkey23, Crunchie23, Crux, Cryogen, Cubanito, Curtis Newton, D, DDragonNk-Visual, DaB., Dabbelju, Daniel FR, Daniel Kaiser Freiburg, Dansker, DasBee, David Liuzzo, Der.Traeumer, DerHexer, Diba, Diefarbeblau, DiomedesTW, Dk, Docfeelgood3, Dominicp, Don Magnifico, DonLeone, Dr. Manuel, Dr. Murke, DrHoliday, Dragan, Dundak, Duracell, Earlofoxford, Eingangskontrolle, Einsamer Schütze, El Matzos, ElAlegre, Elian, Elvaube, Engie, Entlinkt, Erasmuse, EricMalaga, Erichnohe, Eschenmoser, Euku, Euphoriceyes, Ewaldm, FAFA, Fakler, FalkOberdorf, Fantast, Farino, Fedi, Feidl, Felix König, Ferbrunnen, Fingalo, Firefox13, Florian Adler, Florian.Keßler, Flups, FordPrefect42, Frankey25, Frauhottelmann, Fredric, Freedomsaver, Freundlich, Fritz, Fsiggi, Fuenfundachtzig, Fusslkopp, Fuzzy, GDK, GNosis, GS, Gauss, Geaster, Geher, Geisslr, Geist, der stets verneint, Generator, Gepardenforellenfischer, Gerhardvalentin, Geschichtsfan, Giftmischer, Gilliamjf, Gnu1742, Godewind, Goldzahn, Gonzrod, GordonKlimm, Grimstad, Grochim, Gromat, Ground Zero, Guaras10, Gugganij, Guntscho, H.DuCern, HMV, HWWI, HaeB, HamburgArmy, Hannes Röst, Hans J. Castorp, Hans-Jürgen Hübner, Haring, Harry8, Hashar, He3nry, Head, Heimatschutzminister, Heinte, HenHei, Herrick, Hewa, Hgp, Hi-Teach, High Contrast, Histophys, Hofres, Hoo man, Horst, Howwi, Hph, Hubertl, Huertas, Häsk, Hübeli, IIXII78, IVo, Igelball, Inkowik, Invisigoth67, Ireas, Irissi, Island, Itti, J budissin, J. Patrick Fischer, JCIV, JD, JPense, Jade, JakobVoss, Jana.Melitta, Janneman, Janzomaster, Javisan43, JaynFM, Jcornelius, JensBaitinger, JensMueller, Jergen, Jivee Blau, JoeDante, Johannes XXIII., Johannes.enjoy, Johnny Controletti, Jordi, Josetxus, Jpp, JuTa, Juesch, Juhan, Kaisersoft, Kalumet, Karl Gruber, Karl-Henner, Karsten11, Kassander der Minoer, Kataniza, Katharina, Katpatuka, Kh80, Kiffahh, Kixotea, Kleini Pearl, Kliv, Kloehms, Knochen, Kopflos, Korinth, Krawi, Krombacher, Kubi, Kurt Jansson, Kwerdenker, L.M. Morgenroth, LIU, LKD, Landroval, Langec, Lear 21, Leeoos, Leuche, Liebermary, Liliana-60, Lingua Publishing, Linus1996, Lofor, Lordofhavoc, Lou.gruber, Louis88, Lucca1, Lupíro, MAK, MAY, Maclemo, Madbros, Madden, Magicnoted, Magnummandel, Mamue81, Manecke, Marc1974, Marcus Valerius Corvus, MarcusBauer, Margaux, Markus Schmaus, MarkusHagenlocher, Marnal, Martin Meyerspeer, Martin-vogel, Martin1978, Martin253, MartinThoma, Martina2504, Martinroell, Martinwilke1980, Marzahn, Matt1971, Mawa, Mbimmler, Mbloechi, McB, McNugget, Mcdenges, Media lib, Melancholie, Melanie-81, Melkom, Menze, Mghamburg, Michael Sander, Michael w, Miguillen, Mihály, Mikegr, Mikue, Mikullovci11, Morancio, Mounir, MsChaos, Mtthshe, Mvb, NCC1291, NSH001, Nanouk, Nemox, Nephelin, Nevermind99, Ngowatchtransparent, Nicky knows, Nikkis, Ninety Mile Beach, Nocturne, Nolispanmo, Nothere, Numbo3, Numinosus, Nwabueze, Ogharis, Olei, Oltau, Ondori, One-world-generation, Orphaios, Ot, Otberg, Otto Normalverbraucher, Ourima, Ozuma, PDD, PVB, Packo, Palmenstecher, ParaDox, Paramecium, Patavium, PatriceNeff, Pbous, PeeCee, Pelagus, Pendulin, Peng, Perrak, Pessottino, Peter Littmann, Peter200, Pflastertreter, Philipd, Philipendula, Philipp1984, Pill, Pittimann, Pixelfire, Plasmagunman, Poco a poco, PsY.cHo, Pwjg, Pyrdracon, QualiStattQuanti, RalfZaschka, Ramtam, Ratinger, Raymond, Rdb, Redf0x, Regi51, Reinhard Kraasch, Renihase, Retoreto, Reveal, Revvar, Reykholt, Ri st, Rick Blaine, Rikki-Tikki-Tavi, RoBri, Robin Patterson, Robin von Locksley, Roland Schmid, Roland.M, Rolf H., Rolz-reus, Romanm, RonaldH, Rorimac, Rosas, RoterSand, Rudiwe, Rudolf Pohl, S-mia44, SCPS, SEM, STBR, Sansculotte, Sarah777, Sargoth, SchirmerPower, Schlesinger, Schnargel, Schubbay, Sciurus, Scooter, Seb1982, Sebs, Semper, Separator, Shimmeringmoon, Sicherlich, Simpsonsfan2, Sinn, Sk90, Small Axe, Sodtke, Spanienservice, Spectas fr, Spk, Spuk968, Stahlfresser, Staro1, Stauba, Stefan Knauf, Stefan Kühn, Stefan h, Stefan64, Steffen, Stephan1982, Stephele, Stern, Str1977, StudentG, Sukarnobhumibol, Sulfolobus, Superman, Sven-steffen arndt, SysOp, TMaschler, TUBS, Takeshi Nakagawa, Taraborn, Taratonga, Tecolótl, Teresita, Textundblog, TheK, TheSpecialist, TheWolf, Thorbjoern, Thyes, TillF, Tim.landscheidt, Tkarcher, Tobbue, Tobnu, Toffel, Toksave, Tolemy, TomK32, Tomte, Topfield, Torsch, Tragopogon, Trempf, Tresckow, Triebtäter, Turric, Tzzzpfff, Tönjes, UHT, UKGB, Ul1-82-2, Umweltschützen, Unscheinbar, Unsterblicher, Unukorno, Ureinwohner, Usquam, Uwe Gille, Verita, Vickypedia, Vinom, Viplux, Vladan, Vodimivado, Vrumfondel, WAH, WIKImaniac, WRomey, WagnerAndreas, Webkid, Weede, Weisserd, Wela49, Werckmeister, Wiegels, Wiki Gh!, Wikifreund, Wilhans, Williwärmer, WinfriedSchneider, Witjas, Wnme, Woertche.Leo, Wolf-Dieter, Wst, XenonX3, Yomtov, Zaphiro, Zenit, Zeno Gantner, Zerebrum, Zinnmann, °, 749 anonymous edits

Image Sources, Licenses and Contributors

Datei:Bluete-Schema.svg *Source*: http://de.wikipedia.org/w/index.php?title=Datei:Bluete-Schema.svg *License*: unknown *Contributors*: User:Petr Dlouhý

Bild:Tragblätter.png *Source*: http://de.wikipedia.org/w/index.php?title=Datei:Tragblätter.png *License*: unknown *Contributors*: Benutzer:Sr. F

Bild:Sumpf-Kreuzkraut.jpg *Source*: http://de.wikipedia.org/w/index.php?title=Datei:Sumpf-Kreuzkraut.jpg *License*: unknown *Contributors*: Stefan Laarmann

Datei:Dugla15a.jpg *Source*: http://de.wikipedia.org/w/index.php?title=Datei:Dugla15a.jpg *License*: unknown *Contributors*: User:Anton

Datei:Lisc lipy.jpg *Source*: http://de.wikipedia.org/w/index.php?title=Datei:Lisc_lipy.jpg *License*: unknown *Contributors*: Krzysztof P. Jasiutowicz

Datei:Blattquerschnitt.jpg *Source*: http://de.wikipedia.org/w/index.php?title=Datei:Blattquerschnitt.jpg *License*: unknown *Contributors*: User:V44020001

Datei:Laubblatt-Aufbau.svg *Source*: http://de.wikipedia.org/w/index.php?title=Datei:Laubblatt-Aufbau.svg *License*: unknown *Contributors*: Phrood, Rocket000, Szczepan1990, Tlustulimu, 2 anonymous edits

Datei:Leaf epidermis 2.jpg *Source*: http://de.wikipedia.org/w/index.php?title=Datei:Leaf_epidermis_2.jpg *License*: unknown *Contributors*: User:Mnolf

Datei:Blatt Unterteilung Querschnitt.png *Source*: http://de.wikipedia.org/w/index.php?title=Datei:Blatt_Unterteilung_Querschnitt.png *License*: unknown *Contributors*: User:Griensteidl

Datei:Blatt Gliederung.png *Source*: http://de.wikipedia.org/w/index.php?title=Datei:Blatt_Gliederung.png *License*: unknown *Contributors*: User:Griensteidl

Datei:Geum_urbanum_bgiu.jpg *Source*: http://de.wikipedia.org/w/index.php?title=Datei:Geum_urbanum_bgiu.jpg *License*: unknown *Contributors*: Alno, Bogdan, Guérin Nicolas, Ies

Datei:Leaf Morphology.png *Source*: http://de.wikipedia.org/w/index.php?title=Datei:Leaf_Morphology.png *License*: unknown *Contributors*: User:Griensteidl

Datei:Lapo gyslos.jpeg *Source*: http://de.wikipedia.org/w/index.php?title=Datei:Lapo_gyslos.jpeg *License*: unknown *Contributors*: Ies, MPF, Maksim, Zscout370

Datei:Folla Roseira 004eue.jpg *Source*: http://de.wikipedia.org/w/index.php?title=Datei:Folla_Roseira_004eue.jpg *License*: unknown *Contributors*: User:Lmbuga

Datei:Kasztanowieclisc.JPG *Source*: http://de.wikipedia.org/w/index.php?title=Datei:Kasztanowieclisc.JPG *License*: unknown *Contributors*: Butko, MPF, Reytan

Datei:Helleborus niger Leaf.jpg *Source*: http://de.wikipedia.org/w/index.php?title=Datei:Helleborus_niger_Leaf.jpg *License*: unknown *Contributors*: Griensteidl, Quadell

Datei:Gingko fossile-jurassique 0.png *Source*: http://de.wikipedia.org/w/index.php?title=Datei:Gingko_fossile-jurassique_0.png *License*: unknown *Contributors*: Conscious, Glenn, Kevmin, MPF, Pixeltoo, Samulili, Saperaud, WayneRay

Datei:Leaf Development.png *Source*: http://de.wikipedia.org/w/index.php?title=Datei:Leaf_Development.png *License*: unknown *Contributors*: User:Griensteidl

Datei:Kirschblatt web.jpg *Source*: http://de.wikipedia.org/w/index.php?title=Datei:Kirschblatt_web.jpg *License*: unknown *Contributors*: Amada44, G.dallorto, Ies, Luigi Chiesa, Maksim

Datei:Chlorophyll spectrum.png *Source*: http://de.wikipedia.org/w/index.php?title=Datei:Chlorophyll_spectrum.png *License*: unknown *Contributors*: aegon

Datei:Cabernet$$.JPG *Source*: http://de.wikipedia.org/w/index.php?title=Datei:Cabernet$$.JPG *License*: unknown *Contributors*: StromBer 11:30, 2. Nov. 2007 (CET). Original uploader was StromBer at de.wikipedia

Datei:Keimblaetter.jpg *Source*: http://de.wikipedia.org/w/index.php?title=Datei:Keimblaetter.jpg *License*: unknown *Contributors*: Ies, Martin Bahmann

Datei:Galium.jpg *Source*: http://de.wikipedia.org/w/index.php?title=Datei:Galium.jpg *License*: unknown *Contributors*: Original uploader was Martin Bahmann at de.wikipedia

Datei:Xerophyten - Blattanatomie.png *Source*: http://de.wikipedia.org/w/index.php?title=Datei:Xerophyten_-_Blattanatomie.png *License*: unknown *Contributors*: User:Bgqhrsnog

Datei:Hygrophyten - Blattanatomie.png *Source*: http://de.wikipedia.org/w/index.php?title=Datei:Hygrophyten_-_Blattanatomie.png *License*: unknown *Contributors*: User:Bgqhrsnog

Datei:Fichtennadel.jpg *Source*: http://de.wikipedia.org/w/index.php?title=Datei:Fichtennadel.jpg *License*: unknown *Contributors*: Karen Johnson

Datei:Nadelblatt - Blattanatomie.png *Source*: http://de.wikipedia.org/w/index.php?title=Datei:Nadelblatt_-_Blattanatomie.png *License*: unknown *Contributors*: Deadstar, Phrood

Datei:Berberis vulgaris Zweig.jpg *Source*: http://de.wikipedia.org/w/index.php?title=Datei:Berberis_vulgaris_Zweig.jpg *License*: unknown *Contributors*: Ayacop, Griensteidl, Orchi, Quadell

Datei:Sempervivum tectorum0.jpg *Source*: http://de.wikipedia.org/w/index.php?title=Datei:Sempervivum_tectorum0.jpg *License*: unknown *Contributors*: Ayacop, Saperaud

Datei:Onion.jpg *Source*: http://de.wikipedia.org/w/index.php?title=Datei:Onion.jpg *License*: unknown *Contributors*: Donovan Govan.

Datei:Acacia confusa-01.jpg *Source*: http://de.wikipedia.org/w/index.php?title=Datei:Acacia_confusa-01.jpg *License*: unknown *Contributors*: Franz Xaver, Jollyroger, Maksim, Orchi, Quadell

Datei:Nepenthes sibuyanensis.jpg *Source*: http://de.wikipedia.org/w/index.php?title=Datei:Nepenthes_sibuyanensis.jpg *License*: unknown *Contributors*: ComputerHotline, Denis Barthel, Red devil 666

Datei:Paardekastanje bladmineerder closeup.jpg *Source*: http://de.wikipedia.org/w/index.php?title=Datei:Paardekastanje_bladmineerder_closeup.jpg *License*: unknown *Contributors*: Beentree, Maksim

Datei:Tectorum2.jpg *Source*: http://de.wikipedia.org/w/index.php?title=Datei:Tectorum2.jpg *License*: unknown *Contributors*: ChristianBier, Nup

Datei:Mammillariaparkinsonii.jpg *Source*: http://de.wikipedia.org/w/index.php?title=Datei:Mammillariaparkinsonii.jpg *License*: unknown *Contributors*: User:Stickpen

Datei:Kanarischer Drachenbaum in Icod de los Vinos.jpg *Source*: http://de.wikipedia.org/w/index.php?title=Datei:Kanarischer_Drachenbaum_in_Icod_de_los_Vinos.jpg *License*: unknown *Contributors*: Steffen Mokosch Original uploader was Steffen M. at de.wikipedia

Datei:Pink Panda 10 ies.jpg *Source*: http://de.wikipedia.org/w/index.php?title=Datei:Pink_Panda_10_ies.jpg *License*: unknown *Contributors*: Frank Vincentz

Datei:Gingembre.jpg *Source*: http://de.wikipedia.org/w/index.php?title=Datei:Gingembre.jpg *License*: unknown *Contributors*: Conrad.Irwin, Ies, Loveless

Datei:Potato sprouts.jpg *Source*: http://de.wikipedia.org/w/index.php?title=Datei:Potato_sprouts.jpg *License*: unknown *Contributors*: Bdk, EugeneZelenko, FlickreviewR, KeepOpera, MPF, Mineralsab, Nikola Smolenski, Quadell, 1 anonymous edits

Datei:Daikon.jpg *Source*: http://de.wikipedia.org/w/index.php?title=Datei:Daikon.jpg *License*: unknown *Contributors*: Kinori

Datei:Bgbo kakteen ies.jpg *Source*: http://de.wikipedia.org/w/index.php?title=Datei:Bgbo_kakteen_ies.jpg *License*: unknown *Contributors*: Frank Vincentz

Datei:Ruscus aculeatus0.jpg *Source*: http://de.wikipedia.org/w/index.php?title=Datei:Ruscus_aculeatus0.jpg *License*: unknown *Contributors*:

Datei:Passiflora suberosa20.jpg *Source*: http://de.wikipedia.org/w/index.php?title=Datei:Passiflora_suberosa20.jpg *License*: unknown *Contributors*: ArjanH, Hans B., 1 anonymous edits

Datei:Decaria madagascariensis 03 ies.jpg *Source*: http://de.wikipedia.org/w/index.php?title=Datei:Decaria_madagascariensis_03_ies.jpg *License*: unknown *Contributors*: Frank Vincentz

Datei:Eenstijlige meidoorn (Crataegus monogyna branch).jpg *Source*: http://de.wikipedia.org/w/index.php?title=Datei:Eenstijlige_meidoorn_(Crataegus_monogyna_branch).jpg *License*: unknown *Contributors*: MPF, Quadell, Rasbak, Sir Antoni, The Man in Question

Datei:Cuscuta pentagona stems 2003-06-02.jpg *Source*: http://de.wikipedia.org/w/index.php?title=Datei:Cuscuta_pentagona_stems_2003-06-02.jpg *License*: unknown *Contributors*: Curtis Clark, Ies, MPF

Datei:Illustration Veronica officinalis0.jpg *Source*: http://de.wikipedia.org/w/index.php?title=Datei:Illustration_Veronica_officinalis0.jpg *License*: unknown *Contributors*: Augiasstallputzer, Quadell

Datei:Plantago major flowerdiagram.png *Source*: http://de.wikipedia.org/w/index.php?title=Datei:Plantago_major_flowerdiagram.png *License*: unknown *Contributors*: Bff, Mdd, WayneRay

Datei:Veronica flowerdiagram.png *Source*: http://de.wikipedia.org/w/index.php?title=Datei:Veronica_flowerdiagram.png *License*: unknown *Contributors*: Mdd, Orchi

Datei:Maypurpleflower.jpg *Source*: http://de.wikipedia.org/w/index.php?title=Datei:Maypurpleflower.jpg *License*: unknown *Contributors*: User:Thegreenj

Datei:Alpen-Leinkraut.jpg *Source*: http://de.wikipedia.org/w/index.php?title=Datei:Alpen-Leinkraut.jpg *License*: unknown *Contributors*: Quadell, Überraschungsbilder

Datei:Hippuris vulgaris kz.JPG *Source*: http://de.wikipedia.org/w/index.php?title=Datei:Hippuris_vulgaris_kz.JPG *License*: unknown *Contributors*: Krzysztof Ziarnek

Datei:Penstemon triflorus flowers.jpg *Source*: http://de.wikipedia.org/w/index.php?title=Datei:Penstemon_triflorus_flowers.jpg *License*: unknown *Contributors*: User:Stan Shebs

Datei:Digitalis purpurea.jpg *Source*: http://de.wikipedia.org/w/index.php?title=Datei:Digitalis_purpurea.jpg *License*: unknown *Contributors*: Lokal Profil, Mike Dillon, Orchi, Ram-Man, Tbc

Datei:GlobulariaNudicaulis.jpg *Source*: http://de.wikipedia.org/w/index.php?title=Datei:GlobulariaNudicaulis.jpg *License*: unknown *Contributors*: User:Tigerente

Datei:Illustration_Gratiola_officinalis0.jpg *Source*: http://de.wikipedia.org/w/index.php?title=Datei:Illustration_Gratiola_officinalis0.jpg *License*: unknown *Contributors*: Augiasstallputzer, Romanm

Datei:Breitwegerich.jpg *Source*: http://de.wikipedia.org/w/index.php?title=Datei:Breitwegerich.jpg *License*: unknown *Contributors*: Ernst Schütte, 3.9.2004 (uploaded by User ErnstA on de.wikipedia)

Datei:Russelia equisetiformis2.jpg *Source*: http://de.wikipedia.org/w/index.php?title=Datei:Russelia_equisetiformis2.jpg *License*: unknown *Contributors*: KENPEI

Datei:Tetranema roseum.jpg *Source*: http://de.wikipedia.org/w/index.php?title=Datei:Tetranema_roseum.jpg *License*: unknown *Contributors*: Michael Wolf

Datei:Veronica chamaedrys Ehrenpreis.jpg *Source*: http://de.wikipedia.org/w/index.php?title=Datei:Veronica_chamaedrys_Ehrenpreis.jpg *License*: unknown *Contributors*: User:ArtMechanic

Datei:Antirrhinumcoulterianum.jpg *Source*: http://de.wikipedia.org/w/index.php?title=Datei:Antirrhinumcoulterianum.jpg *License*: unknown *Contributors*: CarolSpears, Martin H., Stickpen, 1 anonymous edits

Datei:Illustration Antirrhinum majus0.jpg *Source*: http://de.wikipedia.org/w/index.php?title=Datei:Illustration_Antirrhinum_majus0.jpg *License*: unknown *Contributors*: Augiasstallputzer, Quadell

Datei:Antirrhinum - snapdragon - Löwenmaul.jpg *Source*: http://de.wikipedia.org/w/index.php?title=Datei:Antirrhinum_-_snapdragon_-_Löwenmaul.jpg *License*: unknown *Contributors*: User:Hedwig Storch

Datei:Antirrhinum orontium0.jpg *Source*: http://de.wikipedia.org/w/index.php?title=Datei:Antirrhinum_orontium0.jpg *License*: unknown *Contributors*: Hohum, Ies, Quadell, Überraschungsbilder

Datei:Flag of Spain.svg *Source*: http://de.wikipedia.org/w/index.php?title=Datei:Flag_of_Spain.svg *License*: unknown *Contributors*: Pedro A. Gracia Fajardo, escudo de Manual de Imagen Institucional de la Administración General del Estado

Datei:Escudo de España (mazonado).svg *Source*: http://de.wikipedia.org/w/index.php?title=Datei:Escudo_de_España_(mazonado).svg *License*: unknown *Contributors*: User:SanchoPanzaXXI

Datei:Spain in the European Union on the globe (Europe centered).svg *Source*: http://de.wikipedia.org/w/index.php?title=Datei:Spain_in_the_European_Union_on_the_globe_(Europe_centered).svg *License*: unknown *Contributors*: TUBS

Datei:Karte-es.png *Source*: http://de.wikipedia.org/w/index.php?title=Datei:Karte-es.png *License*: unknown *Contributors*: Kam Solusar, Zeno Gantner, 4 anonymous edits

Datei:Spanien topo.jpg *Source*: http://de.wikipedia.org/w/index.php?title=Datei:Spanien_topo.jpg *License*: unknown *Contributors*: Captain Blood at de.wikipedia

Datei:Teide and Caldera 2006.jpg *Source*: http://de.wikipedia.org/w/index.php?title=Datei:Teide_and_Caldera_2006.jpg *License*: unknown *Contributors*: Jens Steckert

Datei:Klima barcelona.png *Source*: http://de.wikipedia.org/w/index.php?title=Datei:Klima_barcelona.png *License*: unknown *Contributors*: Denniss, Hph

Datei:Klimadiagramm Valencia Stadt.png *Source*: http://de.wikipedia.org/w/index.php?title=Datei:Klimadiagramm_Valencia_Stadt.png *License*: unknown *Contributors*: Benutzer:TMaschler

Datei:Klima ibiza.png *Source*: http://de.wikipedia.org/w/index.php?title=Datei:Klima_ibiza.png *License*: unknown *Contributors*: Denniss, Hph

Datei:Klima malaga.png *Source*: http://de.wikipedia.org/w/index.php?title=Datei:Klima_malaga.png *License*: unknown *Contributors*: Benutzer:Hph

Datei:Klima madrid.png *Source*: http://de.wikipedia.org/w/index.php?title=Datei:Klima_madrid.png *License*: unknown *Contributors*: Benutzer:Hph

Datei:Klima santander.png *Source*: http://de.wikipedia.org/w/index.php?title=Datei:Klima_santander.png *License*: unknown *Contributors*: AwOc, Denniss, Hph, 1 anonymous edits

Datei:Klima teneriffa.png *Source*: http://de.wikipedia.org/w/index.php?title=Datei:Klima_teneriffa.png *License*: unknown *Contributors*: Benutzer:Hph

Datei:Canis Lupus Signatus.JPG *Source*: http://de.wikipedia.org/w/index.php?title=Datei:Canis_Lupus_Signatus.JPG *License*: unknown *Contributors*: Juan José González Vega

Datei:Linces19.jpg *Source*: http://de.wikipedia.org/w/index.php?title=Datei:Linces19.jpg *License*: unknown *Contributors*: (c)"Programa de Conservación Ex-situ del Lince Ibérico www.lynxexsitu.es"

Datei:Spain languages.PNG *Source*: http://de.wikipedia.org/w/index.php?title=Datei:Spain_languages.PNG *License*: unknown *Contributors*: User:Dionysos1

Datei:Llengues iberia.gif *Source*: http://de.wikipedia.org/w/index.php?title=Datei:Llengues_iberia.gif *License*: unknown *Contributors*: User:Mutxamel

Datei:Catedral de Compostela de noite.jpg *Source*: http://de.wikipedia.org/w/index.php?title=Datei:Catedral_de_Compostela_de_noite.jpg *License*: unknown *Contributors*: regueifeiro

Datei:Calle de Alcalá (Madrid) 04.jpg *Source*: http://de.wikipedia.org/w/index.php?title=Datei:Calle_de_Alcalá_(Madrid)_04.jpg *License*: unknown *Contributors*: FlickreviewR, Zaqarbal

Datei:Barcelona view 2007.jpg *Source*: http://de.wikipedia.org/w/index.php?title=Datei:Barcelona_view_2007.jpg *License*: unknown *Contributors*: User:Otto Normalverbraucher

Datei:Hemispheric - Valencia, Spain - Jan 2007.jpg *Source*: http://de.wikipedia.org/w/index.php?title=Datei:Hemispheric_-_Valencia,_Spain_-_Jan_2007.jpg *License*: unknown *Contributors*: User:Diliff

Datei:Cathedral and Archivo de Indias - Seville.jpg *Source*: http://de.wikipedia.org/w/index.php?title=Datei:Cathedral_and_Archivo_de_Indias_-_Seville.jpg *License*: unknown *Contributors*: Anual, Balbo, Cookie, Dodo, Ecemaml, Fr33ke, IgnisFatuus, Lo Guilhem, Lobillo

Datei:Guggenheim-bilbao-jan05.jpg *Source*: http://de.wikipedia.org/w/index.php?title=Datei:Guggenheim-bilbao-jan05.jpg *License*: unknown *Contributors*: User:MykReeve

Datei:Colomb.jpeg *Source*: http://de.wikipedia.org/w/index.php?title=Datei:Colomb.jpeg *License*: unknown *Contributors*: -

Datei:Franco0001.PNG *Source*: http://de.wikipedia.org/w/index.php?title=Datei:Franco0001.PNG *License*: unknown *Contributors*: Elcobbola, G.dallorto, Janmad, R-41, Rec79, Sandman888, The Evil IP address, Ultimate Angelus, Williamsongate, , 12 anonymous edits

Datei:Spanisches organigramm.png *Source*: http://de.wikipedia.org/w/index.php?title=Datei:Spanisches_organigramm.png *License*: unknown *Contributors*: Frauhottelmann Original uploader was Benedikt.Seidl at de.wikipedia

Datei:Spanien-Provinzen.png *Source*: http://de.wikipedia.org/w/index.php?title=Datei:Spanien-Provinzen.png *License*: unknown *Contributors*: Benutzer:Daniel FR

Datei:A-23 Autovia Mudejar en Huesca.jpg *Source*: http://de.wikipedia.org/w/index.php?title=Datei:A-23_Autovia_Mudejar_en_Huesca.jpg *License*: unknown *Contributors*: BjørnN, Willtron

Datei:Talgo 350.jpg *Source*: http://de.wikipedia.org/w/index.php?title=Datei:Talgo_350.jpg *License*: unknown *Contributors*: User:Pechristener

Datei:Barajas overview1.jpg *Source*: http://de.wikipedia.org/w/index.php?title=Datei:Barajas_overview1.jpg *License*: unknown *Contributors*: Air252342, Angr, Apalsola, Bastique, Bestiasonica, Denniss, Dimboukas, Gelo71, Orgullomoore, Ronaldino, Txuspe, 11 anonymous edits

Datei:Euro accession.svg *Source*: http://de.wikipedia.org/w/index.php?title=Datei:Euro_accession.svg *License*: unknown *Contributors*: User:Miraceti

Datei:Spain.png *Source*: http://de.wikipedia.org/w/index.php?title=Datei:Spain.png *License*: unknown *Contributors*: Cohesion, Erfil, Ζεύς, ינרו, 2 anonymous edits

Datei:Can Picafort beach.jpg *Source*: http://de.wikipedia.org/w/index.php?title=Datei:Can_Picafort_beach.jpg *License*: unknown *Contributors*: Li-sung, Martorell

Datei:Pico del Veleta Sierra Nevada.jpg *Source*: http://de.wikipedia.org/w/index.php?title=Datei:Pico_del_Veleta_Sierra_Nevada.jpg *License*: unknown *Contributors*: User:T. Then

Datei:Cervates jauregui.jpg *Source*: http://de.wikipedia.org/w/index.php?title=Datei:Cervates_jauregui.jpg *License*: unknown *Contributors*: Balbo, Bukk, Enrique Cordero, Joseluis bn, 8 anonymous edits

Datei:Celebracion Eurocopa 1.jpg *Source*: http://de.wikipedia.org/w/index.php?title=Datei:Celebracion_Eurocopa_1.jpg *License*: unknown *Contributors*: David Yerga, Heart Industry from Madrid, España

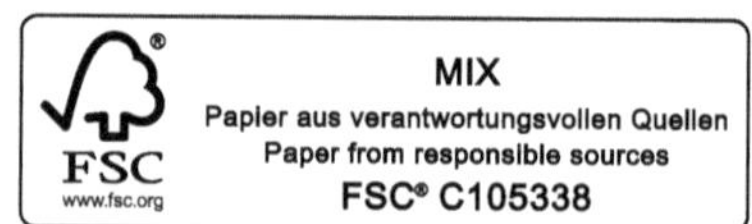

Printed by Books on Demand GmbH, Norderstedt / Germany